孟老師的
戚風蛋糕

孟兆慶◎著

看似簡單，其實很有學問

打開臉書經常會看到分享「戚風蛋糕」的成品照，而且一個比一個漂亮，對許多玩烘焙的人來說，製作戚風蛋糕是「基本功」，也是入門款的糕點，而且「會做」的比例非常高，因此，初期企劃此書時，不免質疑這麼簡單又普遍性的題材，是否有可行性及必要性。

然而，卻有個事實，就是「新手」永遠會出現，以及製作不熟練的「生手」，也不時地會有製程中的種種「疑慮」，經常性地做出不理想的成品後，就開始裹足不前，甚至失去製作的動力。基於這些簡單理由，於是這本書就誕生了。

但正式著手製作本書時，才發現原來戚風蛋糕不是想像中的「單純」，以過去的製作經驗來說，其實就是幾樣大家熟悉的口味而已；但基於食譜的變化性，則必須廣泛使用各項食材。此時才驚覺，濕度高又膨鬆的麵糊，可不是輕易被駕馭的，於是三番兩次試做，反覆實驗，才得以克服種種「困境」；例如：可可粉內含的可可脂多寡，以及酸性（或酸澀）食材……等，多少也會影響麵糊的穩定性。另外值得一提的是，各種蔬果顆粒也不是隨心所欲就能當成「配料」，因為它往往會不聽話地跟麵糊分離，種種變數，足以反映要製作個「加味」的戚風蛋糕，是有學問的。

正因不同屬性的食材，往往會「干擾」麵糊的製作，間接地也會影響受熱的膨脹效果，因此不斷地調整材料，並以最好操作為原則；實驗加上一一記錄，果真花了不少時間，在這過程，也同時顧慮讀者是否真的能夠輕易上手，於是找了幾位讀者試做，以確認食譜的精準度，這樣才讓人放心；在此非常感謝馨慧、莖梅及Maggie肯花時間先試做。

除了一般食譜之外，本書也另加「燙麵法」的戚風蛋糕，事實上，這種做法已行之有年，基於食譜的多樣化，也做了幾道「燙麵戚風蛋糕」，並以更具挑戰性的「水浴法」完成，如此一來，其中的「烤功」，製作者更必須發揮。

最後感謝「三能食品器具公司」的邀稿，讓我有機會應用繽紛亮麗的烤模，得以在繁忙的食譜製作期間，將煩躁的心情，頓時從黑白變彩色。

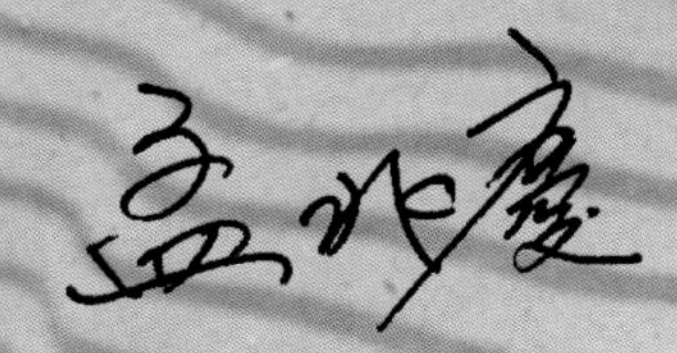

Contents

目錄

Chiffon Cake

PART 2

燙麵法＋水浴法的戚風蛋糕

Chiffon Cake

Square Cake

PART 1 戚風蛋糕

戚風蛋糕（Chiffon Cake）在西式糕點中，算是很基礎性的蛋糕體，除了直接食用外，最常見的，就是抹上鮮奶油，再裝飾一番，而成為生日蛋糕類的商品。

戚風蛋糕的水分含量較一般蛋糕體多，同時藉由膨鬆的蛋白霜，而造就鬆軟濕潤的蛋糕組織，輕盈清爽的口感，深受眾人喜愛。

Chiffon Cake

戚風蛋糕的基本做法

戚風蛋糕的用料單純，製程也不複雜，無論製作什麼樣的口味，都是由「蛋黃麵糊」加「蛋白霜」組合而成。

製作時，首先必須準備2個大容器，以分別製作「蛋黃麵糊」與打發的「蛋白霜」。

兩組材料的組合

1. 麵粉（或加其他粉類）→先過篩
2. 蛋黃＋鹽 →攪勻
3. 鮮奶（或其他液體）＋油 →隔水加熱
4. 蛋白＋糖 →打發

混合乳化

混合成蛋黃麵糊

混合後烘烤

製作流程

既然戚風蛋糕是以「蛋黃麵糊」加「蛋白霜」組合而成，那麼在製程上，也必須講究先後順序，才能確保蛋糕品質。

step 1 準備工作
↓
確認烤模種類大小、麵粉過篩、烤箱預熱

step 2 製作蛋黃麵糊
↓
注意油、水乳化

step 3 製作蛋白霜
↓
注意打發狀態

step 4 蛋黃麵糊＋蛋白霜
↓
混合均勻

step 5 麵糊入模
↓
盡快

step 6 烘烤
↓
多觀察

step 7 蛋糕出爐
↓
倒扣

step 8 脫模
↓
要冷卻後

step 1

準備工作

- 確認烤模種類大小、麵粉過篩、烤箱預熱

◎ 低筋麵粉秤好後，用細篩網過篩。

- 如篩網孔洞不夠細，則必須過篩2次。

◎ 烤箱提前預熱。（詳見p.24「烤箱預熱」的說明）

step 2

製作蛋黃麵糊

- 注意油、水乳化

1 蛋黃加入鹽，用打蛋器攪打均勻備用。

2 將鮮奶及液體油秤在一起隔水加熱，溫度約35°C（勿超過）。

- 加熱後的液體較易與蛋黃攪勻乳化，但要注意在隔水加熱時，溫度不可過高，以免鮮奶中的乳脂肪分離，用手試溫時，感覺比未加溫時略高即可。

液體油

泛指一般植物性油脂，例如：沙拉油、玄米油、葵花油、玉米油……等，選用油脂時，儘量以味道淡者為宜，味重的橄欖油或花生油，較不適合，當然個人偏好的話，也是可行。有關油脂說明，請看p. 22「液體油VS.固體油」。

3 將加熱後的鮮奶及液體油，用小湯匙攪一攪，再慢慢地倒入蛋黃液內，邊倒邊攪，用打蛋器不停地攪動，成均勻的蛋黃糊。

- 油、水（鮮奶、果汁……等）與蛋黃混合時，務必花些時間攪勻，以確實達到乳化效果。

4 持續攪勻後，油脂（及鮮奶）與蛋黃糊確實融合，顏色稍微變淡，即完成乳化動作。

乳化

不同屬性的油與水（或其他液體）無法融合均勻，通常必須藉由乳化劑或激烈地攪拌，成微粒分子後才能互相混合；而蛋黃中的卵磷脂極具乳化作用，不斷地攪拌，即能達到融合效果。

5 接著將已過篩的低筋麵粉倒入蛋黃糊內，用打蛋器以不規則方向，持續地攪成完全無顆粒又細緻的蛋黃麵糊。

別怕出筋

攪拌麵糊時，利用打蛋器以順時針、逆時針方向交錯攪動，並適時地以「井」字型方式攪拌，以確保麵糊的均勻度。

水量極高的麵糊，質地較稀，是戚風蛋糕的麵糊特性，事實上，在拌合乾（麵粉）濕（水分）材料時，是不容易出筋的；因此，務必花些時間確實地將麵糊攪勻，質地細緻才是最佳狀態，如此一來，成品的口感既富彈性又具Q度。

step 3

製作蛋白霜

● 注意打發狀態

6 利用電動攪拌機，速度由慢而快攪打蛋白，首先呈現粗泡狀。

7 持續攪打後，蛋白的泡沫增多，此時開始加入細砂糖，約1/3的分量。

8 將剩餘的細砂糖再分2次倒入蛋白霜內。

● 利用手持式電動攪拌機，以最快速攪打，如用桌上型電動攪拌機（容量為五、六公升的機器），則用中速打發蛋白。

9 持續攪打後，蛋白霜會出現明顯紋路，表示蛋白霜即將攪打完成。

10 攪打蛋白時，不可忽略容器周邊沾黏的蛋白。

11 隨時停機檢視蛋白霜的鬆發度，如利用手持式電動攪拌機攪打，呈現小彎鉤狀即可。

● 如用馬力較強的桌上型電動攪拌機，則蛋白霜呈大彎鉤狀即可。

本書食譜的做法中，蛋白霜的打發照片只是「示意圖」，請讀者們確實注意在攪打蛋白霜時，以手持式或大馬力的電動攪拌機，所攪打出的蛋白霜，兩者呈現的鬆發狀態有所不同。

⑫ 確認蛋白霜攪打完成後，最後再以最慢速攪打約1分鐘，蛋白霜則會呈現更細緻的質地。

理想的蛋白霜

保有適度水分的蛋白霜，不會過度硬挺鬆發，易與蛋黃麵糊拌合均勻，並呈現以下特性：

● 用橡皮刮刀在蛋白霜表面來回地滑動時，觸感柔順細滑。

● 蛋白霜不會流動，反扣時也不會滑落。

● 毛細孔非常細緻，呈光滑的乳霜狀。

step 4

蛋黃麵糊+蛋白霜

● 混合均勻

13 蛋白霜與蛋黃麵糊混合前，必須將蛋白霜再攪勻，用橡皮刮刀從容器邊緣及底部刮起翻拌，以確保質地一致。

14 取蛋白霜約1/3的分量（約為蛋黃麵糊的體積），加入做法5的蛋黃麵糊內，用打蛋器（或橡皮刮刀）輕輕地拌合均勻。

● 初步拌合時，蛋白霜的分量不可太少，否則攪拌後的質地太稀，不利於麵糊應有的質地；因此儘量目測取約蛋黃麵糊相同體積的蛋白霜，先做拌合動作。

15 拌合時從容器邊緣及底部刮起，再切入麵糊內，持續一刮一切的動作，並配合轉動容器的動作，務必將邊緣沾黏的麵糊都要攪到。

16 初步的蛋白霜與蛋黃麵糊混合完成後，接著快速地將麵糊刮回到剩餘的蛋白霜內。

● 初步混合好的麵糊呈現流動狀。

17 繼續用橡皮刮刀攪勻，從容器邊緣及底部刮起，快速地一刮一切的動作，注意將邊緣沾黏的蛋白霜都要攪到。

18 務必在最短時間內，快速且輕巧地將蛋白霜完全混勻。

step 5

麵糊入模

● 盡快

19

將容器稍微拉高並傾斜，用橡皮刮刀將麵糊快速地刮入烤模內。

● 理想的麵糊狀態：會稍微流動。

20

用橡皮刮刀在麵糊表面輕輕地來回刮勻，並儘量將凹凸不平的麵糊稍微抹平即可。

● 最後刮入的麵糊質地較稀，因此必須藉由刮刀將麵糊表面再次攪動刮勻，以求麵糊的稠度一致。

21

入烤箱前，可用雙手左右輕晃烤模，則麵糊表面會更加平整。

● 如要將烤模在桌面上震一下，以去除大氣泡，注意力道不要過重，否則氣泡越震越多。

step 6

烘烤

● 多觀察

22

將烤模放入已預熱的烤箱中，以上、下火約170~180°C烤約20~25分鐘，麵糊膨脹且上色均勻後，再將上火降約10~20°C，續烤約10~15分鐘，全程約需35~40分鐘。

確認烘烤完成

可利用細小尖刀插入麵糊內，如刀面完全不沾黏，即表示烤熟；但不建議用細小的竹籤確認，因為竹籤的接觸面太小，原本就不易沾黏麵糊，恐有誤導之虞；另外再配合輕拍蛋糕體表面的動作，如果有彈性且不會凹陷即可。

有關「烤溫設定」，請看p.25說明。

step 7

蛋糕出爐

剛從烤箱取出的蛋糕，可先將蛋糕模在桌面上輕震一下，讓熱氣瞬間散發，使內部膨脹的組織趨於穩定，以避免過度內縮，接著再反扣懸空放置。剛烤好的蛋糕，內部組織非常脆弱，尚未定型，藉由倒扣的下墜感，將蛋糕的膨鬆組織向下「撐開」，才能維持氣孔的穩定性，當蛋糕完全冷卻定型後，即可準備脫模。

● 倒扣

step 8

脫模

冷卻後的蛋糕體，富於彈性，則可順利脫模；如時間允許的話，最好先將蛋糕模放入冷藏室冰鎮片刻，如此的蛋糕體更加堅實，更有利於脫模動作。

● 要冷卻後

◆ 用脫模刀

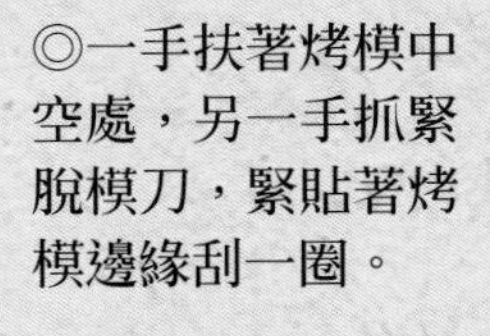

◎一手扶著烤模中空處，另一手抓緊脫模刀，緊貼著烤模邊緣刮一圈。

◎再將脫模刀緊貼著中心處劃開。

◎用雙手將蛋糕體向上撐開，則可脫離烤模外圈。

◎最後將脫模刀緊貼著烤模底部，俐落地劃一圈後再反扣，蛋糕即脫離烤模。

◆ 徒手脫模

◎用雙手輕輕地將蛋糕邊緣向內剝開，蛋糕體則與烤模分離，輕輕地邊壓邊轉烤模，壓到約2/3的位置。

◎再緊貼著中心處，向下壓到約2/3的位置。

◎再將蛋糕烤模倒扣，在桌面上輕敲邊緣處，被壓縮的蛋糕體即會恢復原形，沾黏處也會被敲開。

◎雙手將烤模輕輕地鬆開，蛋糕體即脫離烤模，最後將底部輕輕地剝開即可。

成功的戚風蛋糕

在上述做法中，詳細地說明蛋黃麵糊的製作、蛋白霜的打發要求，以及最後的「拌合」手法；而入模前的麵糊所呈現的質地，也足以決定烤後的蛋糕品質。當麵糊在烘烤中，內部氣泡受熱膨脹，表面漸漸地出現裂紋，都屬於正常現象，特別的是，當麵糊裂得很規矩，呈現放射狀的裂紋時，膨脹度也恰到好處，就表示在製作時，麵糊既穩定又均勻。

影響成敗的小細節

避免食材損耗

拌合時，容器上沾黏的濃厚食材，要儘量刮乾淨，降低損耗率，才不會影響麵糊的濃稠度。

打蛋白時，可加些檸檬汁

製作蛋白霜時，力求穩定性，在攪打過程中，可放少量的檸檬汁（約1小匙），有助於酸鹼度平衡，可讓蛋白霜的質地更細緻；書上的食譜，材料中並未列出檸檬汁，讀者可依需要及方便性，在攪打蛋白霜時添加檸檬汁。

打蛋白時，勿任意減糖

蛋白霜的品質，影響蛋糕體的膨鬆度及內部組織，在製作蛋白霜時，細砂糖是不可或缺的「添加物」；藉由糖的黏結效果，而將蛋白中的水分及蛋白質的發泡性，保持結實的穩定效果；足夠的糖量，絕對有助於蛋白霜的品質。事實上，就算不加糖，甚至糖量偏低，蛋白仍具起泡性，然而打發後的粗糙質地，則會影響麵糊的膨脹組織，因此，糖量至少不得低於蛋白的50%，才有利於蛋白的鬆發效果。

秤料精確

食譜中所需要的蛋黃及蛋白的用量，都不是以「個」為單位，而是分別以「克」標示；否則雞蛋的大小不同，往往會影響麵糊的濃稠度，因此請讀者應不厭其煩地將雞蛋去殼，再分別秤取蛋黃及蛋白的用量。

用量極少的食材（例如：調味用的酒類）或是不易感應重量的食材（例如：咖啡粉），可用**標準量匙**秤取，舀出粉末狀材料時，必須將表面多餘的部分刮平，以確保取量正確。

1大匙（Table spoon）

1小匙（Tea spoon）

1/2小匙

1/4小匙

（1/4小匙的一半分量，就是1/8小匙）

標準量匙

液體油VS.固體油

一般製作戚風蛋糕都習慣用液體油，也就是植物性油脂，最大的好處是易與麵粉中的麩質融合，而成有延展性的柔軟麵糊；在製程中，完全不受外在溫度影響，拌合時，較能與鬆發的蛋白霜融為一體。

而固體油脂（指無鹽奶油）到底能不能製作戚風蛋糕呢？答案是肯定的。但必須注意，固體油往往受環境溫度影響，如果製作拖延，或處理不當，有可能失去應有的流性，那麼就有礙於拌合動作。

然而，不同屬性的油脂，所做出的戚風蛋糕，都各有其優缺點，就製作與口感而言，以相同的基本材料製作p.30「香草戚風蛋糕」（未加香草莢），其差異性如下：

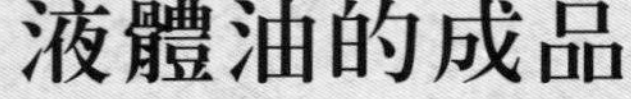

液體油的成品

◆40克的液體油

固體油的成品

◆40克的無鹽奶油

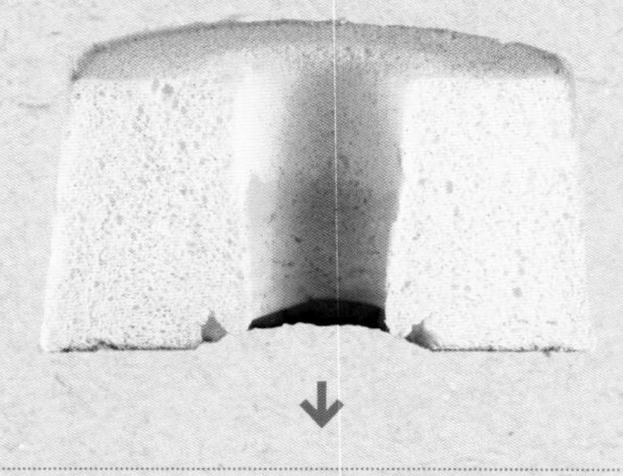

	液體油的成品	固體油的成品
製　作 →	不受天候影響	必須注意融化後的溫度
色　澤 →	較淺	稍黃
膨脹度 →	較高	稍低
組　織 →	均勻	均勻
口　感 →	香氣較弱	香氣較明顯

雙倍奶油的成品

◆80克的無鹽奶油

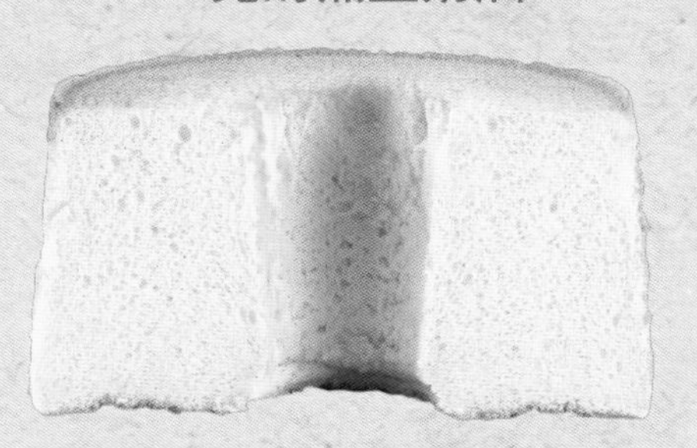

色澤更黃，香氣更加濃郁可口

事實上，只要注意天然固態奶油的融點與特性，同樣能順利完成戚風蛋糕的製作；本書中有幾道食譜，依食材的搭配性並凸顯濃郁口感，特別利用無鹽奶油來製作，例如：p.32「黑芝麻戚風蛋糕」、p.46「乳酪戚風蛋糕」、p.60「抹茶紅豆戚風蛋糕」及p.74「紅蘿蔔橙汁戚風蛋糕」等，當然讀者在製作時，也可依個人製作的喜好與熟練度，將無鹽奶油改成一般的液體油。

以「無鹽奶油」製作的要點

1 奶油切小塊，與鮮奶（或其他液體）一起放入容器內，隔水加熱。

2 注意鍋中的水溫不要過高，加熱的同時邊攪動一下。

3 在奶油全部融化前，即可將容器離開熱水，利用餘溫加以攪動，奶油就會完全融化；注意加熱時，溫度不可過高，以免乳脂肪分離，影響成品。

4 如當時的環境溫度較低時，必須將裝有融化奶油的容器，放在熱水上保溫，以維持奶油的流性（掌握奶油的溫度約30~35°C）；接下來，製作流程與液體油的製作方式完全相同。（如p.13做法3~22）

以「無鹽奶油」製作時，應避免使用冷藏室的低溫雞蛋，秤料前務必先取出回溫，才不會影響麵糊與蛋白霜的拌合。

烤箱預熱

預熱時機

製作蛋糕麵糊的時間很短，因此必須適時地將烤箱預熱，否則麵糊拌好後，烤箱溫度不足，則會影響烘烤品質。

一般家用的烤箱，視不同的品質，其升溫與降溫速度有所不同；如果結構較單薄的小烤箱，其溫度上升較快，當然失溫也快，通常在七、八分鐘後，幾乎已達烘烤所需的溫度了。反之，密閉性較好的烤箱，預熱時間較久，一般而言，要花10~15分鐘才能達到理想的烘烤溫度，因此，讀者可依個人的操作速度，開始將烤箱預熱。

預熱溫度

預熱的溫度，必須視實際烘烤的溫度而定，但所設定的溫度，最好比實際烘烤時稍低，待麵糊入烤箱後，再將烤溫提高到正式烘烤的溫度；也就是說，當生麵糊入烤箱時，烤箱應當處在「通電」狀態，才能即時受熱烘烤，否則溫度不足時，多少會影響麵糊的穩定性。

例如：必須以上、下火約180°C烘烤，預熱時，溫度設定為上、下火約170~175°C即可，當生麵糊入烤箱時，再立刻將烤溫提高到180°C。

烤溫設定

製作戚風蛋糕，對生手而言，要確實掌握製作要領，其實並不困難，只要好好閱讀並體會書中的說明，即能快速上手；然而，很多人卻疏忽最後的烘烤原則，甚至掌握不了自家烤箱的特性，而前功盡棄。烤蛋糕，其實就跟煮菜做料理一樣，該用什麼樣的火候，該以多少時間完成，都必須時時觀察，並以經驗法則去面對。「活用」爐火，是再自然不過的事；同樣地，對於烘烤時的溫度掌控，也絕不該謹守食譜上的烤溫及時間數字，而必須多多觀察烤箱「動態」……一個戚風蛋糕的生麵糊送入烤箱烘烤，多久會上色？多久會膨脹？過程中，受熱是否平均？是否有某處特別容易烤焦？這些可能發生的狀況，都只有當事人（烘烤者）最清楚。

很多人常說，要跟自家烤箱「做朋友」，也就是多做多嘗試，瞭解烤箱特性及問題點，自然累積個人的烘烤法則。

至於書上所交代的烘烤事宜，頂多是提供「原則」，當你看到食譜做法中，溫度為170°C、180°C這些數字，表示說，是建議你用「中溫」烘烤，如果溫度為130~150°C時，就表示這款烘焙產品，是以「低溫」方式完成；但問題是，你的烤箱中溫或是低溫該設定在那個烤溫範圍，就不見得跟書上一樣了。前面提到，多多觀察自家烤箱特性，如果設定的溫度與書上相同，卻在極短時間內，生麵糊便快速上色，就表示烤箱溫度有偏高之虞，下回注意，必須調降溫度才行，否則蛋糕表面容易烤焦，內部卻無法確實烤透；反之，已烤二、三十分鐘的生麵糊，上色仍不明顯，有此狀況時，分明就是烤箱溫度偏低了；總之，「烤溫」與「時間」要靈活運用。

Q：該用「高溫快烤」？還是「低溫慢烤」？
A：該用中溫，不快也不慢。

只要最後的蛋糕成品是理想狀態，無論用何種溫度烘烤，其實都是可行的。但要注意，烤溫的高低，往往影響蛋糕體的質地；甚至根據不同的麵糊屬性、分量及用料，都必須重視「火溫」，例如：麵糊內含易上色的蜂蜜，就必須注意調降溫度，還有糖量的多寡，也會左右麵糊的上色速度。

通常，一個直徑20公分的圓烤模，盛有約七分滿的麵糊，以一般中溫（約170~180°C）烘烤約12~15分鐘後，就會膨脹至八分滿，同時也會輕微上色；以此為依據的話，如果烤溫太低（約130~150°C），當麵糊受熱速度變慢，萬一麵糊的穩定性又不夠，那麼最後的成品組織，肯定缺乏膨鬆度；除非麵糊內加了膨鬆劑（泡打粉），多了「助發」效益，那麼不管烤溫多低，則是另當別論了。

而烤溫太高，也有疑慮，當生麵糊受熱太快時，最直接影響的，即是接觸烤模邊緣的麵糊，會快速受熱定型，而影響麵糊的「爬升」度，最後的成品表皮過厚，膨鬆度不足，都是缺失所在。

本書中的戚風蛋糕烘烤方式，均以上、下火都一致的「中溫170~180°C」開始，持續烤約20~25分鐘後，麵糊的膨脹度幾乎已定型，色澤也達理想狀態，此時開始將上火溫度降個10~20°C，而成「上火小、下火大」的烤溫模式，繼續將麵糊內部徹底烤透，全程約需35~40分鐘左右。

以上戚風蛋糕的烘烤模式，是從蛋糕「成型」後，才將烤溫調降（只降上火，下火不變）；以此類推，也可試著不同的烤溫掌控，首先還是中溫170~180°C烘烤，是該上、下火一致的溫度，還是上、下火不同的溫度，都可試試看；烤了約10幾分鐘後，當麵糊表面成乾爽狀，且輕微上色時，就開始降溫，續烤至熟，較早降溫的話，當然所花費的烘烤時間也會延長。

如果家中的烤箱沒有上、下火功能，則以平均溫度烘烤，多多觀察麵糊上色的狀態，適時地調整溫度。

活用烤溫，才能掌控烤箱，如果你善用自家的烤箱，即便它很陽春，聚溫性也不佳，相信也能運用自如；那麼書中所建議的烤溫，就「視而不見」吧！

溫度高低的參考

高溫→約190°C以上
中溫→約160~180°C
低溫→約150°C以下
請確實掌握自家烤箱的特性，以設定烤箱的溫度。

烤模

本書中的「戚風蛋糕」所使用的烤模尺寸

◆ 直徑20公分中空圓模

◆ 直徑15公分中空圓模

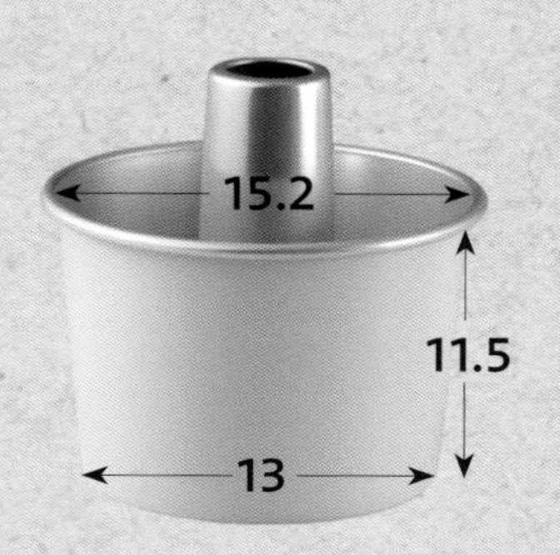

材料換算

直徑20公分中空圓模x0.55＝直徑15公分中空圓模

材料	直徑20公分	直徑15公分
蛋黃	90克	50克
鹽	1/8小匙	比 1/8小匙略少些
鮮奶	75克	41克
液體油	40克	22克
低筋麵粉	90克	50克
蛋白	190克	105克
細砂糖	100克	55克

◎ 以上是以戚風蛋糕的基本用料，來換算「直徑20公分」及「直徑15公分」烤模的用料，其他戚風蛋糕的用料也是以同樣比例換算。

常見的NG戚風蛋糕

◎邊緣內縮

主因：通常是烤焙不足，內部組織濕度過高，水分仍未烤乾。

改善方式：將烤溫稍微提高，並延長烘烤時間。

◎底部內凹

主因：蛋糕體的底部內凹，形成大洞，是因蛋黃麵糊出現油水分離現象，受熱時，即有不穩定的膨脹狀態。

改善方式：油及液體材料經加熱後，倒入蛋黃糊內，速度不要太快，要多加攪拌，以確保乳化效果；另外在拌入麵粉時，也必須確實拌勻。

◎有粗糙孔洞

主因：拌合後的麵糊，內部氣泡消失，質地過稀，則蛋糕體內部的組織孔洞會過大，也缺乏細緻度及柔軟度。

改善方式：注意蛋白霜的打發程度，與蛋黃麵糊拌合時，手法要快速且輕巧；另外也要注意，蛋黃糊必須乳化均勻。

食材對麵糊的影響

麵糊中的各式「配料」，往往因為濕度或酸鹼度的屬性，而「干擾」麵糊受熱的膨脹效果，就像濕度高的蔬果——南瓜丁、草莓、藍莓等，無法與麵糊確實黏合，在烘烤過程中，有可能會「脫離」麵糊組織，而形成大大小小的孔洞。
另外酸澀食材如檸檬汁及咖啡，也會讓蛋黃中的蛋白質凝結，而影響油水乳化的效果；嚴重的話，會讓麵糊在烘烤中無法穩定地膨脹，最後的內部組織就會形成非常大的窟窿。

解決方式

濕度高的配料，儘量切小，或是裹上薄薄的一層麵粉，有助於與麵糊的黏合度。

酸澀食材的拌合順序，儘量與麵粉交錯拌入蛋黃內，也可改善乳化效果。

常用調味

香橙酒

書上食譜頻繁使用香橙酒（Grand Marnier）調味，如無法取得時，也可用君度橙酒（Cointreau）或蘭姆酒（Rum）代替。

檸檬皮屑

檸檬皮屑（可用香橙皮屑代替）很適合用於戚風蛋糕的調味，注意只要刮下檸檬表皮即可，別刮到內層白色部分，以免口感苦澀。

品嚐&保存

清爽可口的戚風蛋糕，除了直接食用外，建議搭配打發的動物性鮮奶油一起品嚐，更能增添豐厚柔潤的滋味，或是依個人喜好，佐以各式果醬，都非常適合。

戚風蛋糕的含水量較高，與其他蛋糕體相較，其質地特別柔軟濕潤，因此，蛋糕冷卻後，應當密封冷藏放置，最佳賞味期限約3~4天。

香草戚風蛋糕

可視為戚風蛋糕的基本款。

❶ 蛋黃 90克、鹽 1/8小匙
❷ 鮮奶 70克、香草莢 1/2根、液體油 40克
❸ 低筋麵粉 90克
❹ 蛋白 190克、細砂糖 100克

直徑20公分中空圓模X1

1 材料❷的液體油及鮮奶秤在同一容器內，香草莢剖開取籽，一併加入隔水加熱。
2 低筋麵粉過篩。
3 烤箱設定上、下火約170°C，提前預熱。
● 烤箱預熱時機及預熱溫度，請看p.24的說明。

做法

製作蛋黃麵糊→參照p.12說明

1 材料❶的蛋黃加入鹽，打蛋器攪打均勻備用。

2 材料❷隔水加熱（準備1），邊加熱邊攪動一下。

3 做法2的液體加熱至約35°C，趁熱慢慢地倒入做法1的蛋黃糊內（邊倒邊攪）。

4 倒入已過篩的低筋麵粉，用打蛋器以不規則方向攪拌均勻，成為細緻的香草麵糊。

製作蛋白霜→參照p.14說明

5 用電動攪拌機將蛋白攪打至粗泡狀後，分3次加入細砂糖，並持續攪打至出現明顯紋路，呈小彎勾的打發狀態。

● 最後再以慢速攪打約1分鐘，成為細緻滑順的蛋白霜。

蛋黃麵糊＋蛋白霜→參照p.16說明

6 取約1/3分量的蛋白霜，加入做法4的香草麵糊內，輕輕地拌勻，再刮入剩餘的蛋白霜內，從容器底部刮起攪勻，成為細緻的麵糊。

麵糊入模→參照p.17說明

7 用橡皮刮刀將麵糊刮入烤模內，並將麵糊表面輕輕地來回抹平。

烘烤→參照p.17說明

8 將烤模放入已預熱的烤箱中，以上、下火約180°C烤約20~25分鐘，再將上火降約10~20°C，續烤約10~15分鐘。

黑芝麻戚風蛋糕

麵糊內加了黑芝麻粉及黑芝麻粒，香氣加倍，濃郁可口。

❶ 蛋黃 90克、鹽 1/8小匙
❷ 鮮奶 80克、無鹽奶油 55克
❸ 低筋麵粉 90克、黑芝麻粉 40克
❹ 蛋白 200克、細砂糖 110克
❺ 熟的黑芝麻粒 25克

直徑20公分中空圓模X1

1 材料❷的鮮奶及無鹽奶油秤在同一容器內，準備隔水加熱。
2 低筋麵粉過篩。
3 烤箱設定上、下火約170°C，提前預熱。

● 烤箱預熱時機及預熱溫度，請看p.24的說明。

做法

製作蛋黃麵糊→參照p.12說明

1 材料❶的蛋黃加入鹽，用打蛋器攪打均勻備用。

2 材料❷隔水加熱（準備1），邊加熱邊攪動一下，溫度約35°C，當奶油快要全部融化前，即離開熱水（參照p.23說明）。

3 將做法2的加熱液體攪一攪，趁熱慢慢地倒入做法1的蛋黃糊內（邊倒邊攪）。

4 先倒入已過篩的低筋麵粉約1/2的分量，用打蛋器攪勻後，再倒入黑芝麻粉約1/2的分量攪勻，再繼續倒入剩餘的麵粉及黑芝麻粉，以不規則方向攪成均勻的黑芝麻麵糊。

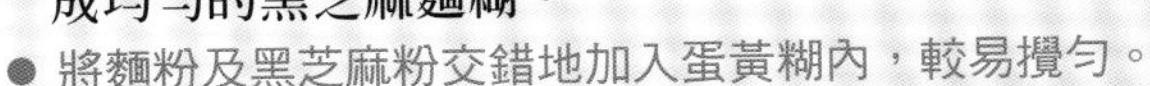

● 將麵粉及黑芝麻粉交錯地加入蛋黃糊內，較易攪勻。

製作蛋白霜→參照p.14說明

5 用電動攪拌機將蛋白攪打至粗泡狀後，分3次加入細砂糖，並持續攪打至出現明顯紋路，呈小彎勾的打發狀態。

● 最後再以慢速攪打約1分鐘，成為細緻滑順的蛋白霜。

蛋黃麵糊＋蛋白霜→參照p.16說明

6 取約1/3分量的蛋白霜，加入做法4的黑芝麻麵糊內，輕輕地拌勻，再刮入剩餘的蛋白霜內，從容器底部刮起攪勻，成為細緻的麵糊。

7 最後將熟的黑芝麻粒倒入麵糊內，輕輕地攪勻。

麵糊入模→參照p.17說明

8 用橡皮刮刀將麵糊刮入烤模內，並將麵糊表面輕輕地來回抹平。

烘烤→參照p.17說明

9 將烤模放入已預熱的烤箱中，以上、下火約180°C烤約20~25分鐘，再將上火降約10~20°C，續烤約10~15分鐘。

藍莓戚風蛋糕

新鮮的「藍莓泥」與「乳酸飲料」當做蛋糕體的水分來源，
相當融和的甜美滋味。

❶ 新鮮藍莓 85克、
養樂多（市售的乳酸飲料）30克
❷ 液體油 40克
❸ 蛋黃 90克、鹽 1/8小匙
❹ 低筋麵粉 90克
❺ 蛋白 190克、細砂糖 95克

1 新鮮藍莓加養樂多，用均質機（或料理機）打成泥狀備用。
2 低筋麵粉過篩。
3 烤箱設定上、下火約170°C，提前預熱。
● 烤箱預熱時機及預熱溫度，請看p.24的說明。

直徑20公分中空圓模X1

做法

製作蛋黃麵糊→參照p.12說明
1 材料❸的蛋黃加入鹽，用打蛋器攪打均勻備用。

2 將藍莓泥（準備1）加液體油先攪勻再隔水加熱（約35°C），趁熱先將藍莓泥（含液體油）約1/3的分量慢慢地倒入做法1的蛋黃糊內（邊倒邊攪）。
● 藍莓泥加入液體油時，會呈現坨狀，只要用小湯匙不停地轉圈攪動，就會混勻。

3 接著倒入已過篩的低筋麵粉約1/3的分量，用打蛋器以不規則方向攪勻，繼續再分2次分別倒入藍莓泥（含液體油）及麵粉，攪成均勻的藍莓麵糊。
● 藍莓泥與麵粉分三次交錯倒入蛋黃糊內，較易攪勻乳化。

製作蛋白霜→參照p.14說明
4 用電動攪拌機將蛋白攪打至粗泡狀後，分3次加入細砂糖，並持續攪打至出現明顯紋路，呈小彎勾的打發狀態。
● 最後再以慢速攪打約1分鐘，成為細緻滑順的蛋白霜。

蛋黃麵糊＋蛋白霜→參照p.16說明

5 取約1/3分量的蛋白霜，倒入做法3的藍莓麵糊內，輕輕地拌勻，再刮入剩餘的蛋白霜內，從容器底部刮起攪勻，成為細緻的麵糊。

麵糊入模→參照p.17說明

6 用橡皮刮刀將麵糊刮入烤模內，並將麵糊表面輕輕地來回抹平。

烘烤→參照p.17說明

7 將烤模放入已預熱的烤箱中，以上、下火約180°C烤約20~25分鐘，再將上火降約10~20°C，續烤約10~15分鐘。

● 濕度高的麵糊，要確實烤透，以免影響成品外型。

香橙椰子戚風蛋糕

選用黃澄澄的香吉士製作，無論風味或色澤均佳。

❶ 蛋黃 90克、鹽 1/8小匙

❷ 香橙汁 70克（純果汁，不含顆粒）、
液體油 40克、香橙皮屑 5克（約1又1/2個）

❸ 低筋麵粉 90克、椰子粉 15克

❹ 蛋白 190克、細砂糖 90克

直徑20公分中空圓模X1

1 材料❷ 的香橙汁及液體油秤在同一容器內，準備隔水加熱。

2 低筋麵粉過篩。

3 烤箱設定上、下火約170°C，提前預熱。

● 烤箱預熱時機及預熱溫度，請看p.24的說明。

做法

製作蛋黃麵糊→參照p.12說明

1 材料❶的蛋黃加入鹽，用打蛋器攪打均勻備用。

2 材料❷隔水加熱（準備1），並加入香橙皮屑，邊加熱邊攪動一下，加熱至約35°C，趁熱慢慢地倒入做法1的蛋黃糊內（邊倒邊攪）。

3 倒入已過篩的低筋麵粉，用打蛋器以不規則方向攪拌均勻，成為細緻的香橙麵糊。

4 接著倒入椰子粉，攪拌均勻。

製作蛋白霜→參照p.14說明

5 用電動攪拌機將蛋白攪打至粗泡狀後，分3次加入細砂糖，並持續攪打至出現明顯紋路，呈小彎勾的打發狀態。

● 最後再以慢速攪打約1分鐘，成為細緻滑順的蛋白霜。

蛋黃麵糊＋蛋白霜→參照p.16說明

6 取約1/3分量的蛋白霜，倒入做法4的香橙麵糊內，輕輕地拌勻，再刮入剩餘的蛋白霜內，從容器底部刮起攪勻，成為細緻的麵糊。

麵糊入模→參照p.17說明

7 用橡皮刮刀將麵糊刮入烤模內，並將麵糊表面輕輕地來回抹平。

烘烤→參照p.17說明

8 將烤模放入已預熱的烤箱中，以上、下火約180°C烤約20~25分鐘，再將上火降約10~20°C，續烤約10~15分鐘。

香蕉戚風蛋糕

用熟透軟爛的香蕉來製作，較能凸顯口感風味。

❶ 香蕉 110克（去皮後）、香橙酒（Grand Marnier）1小匙
❷ 蛋黃 110克、鹽 1/4小匙
❸ 鮮奶 55克、液體油 45克
❹ 低筋麵粉 145克
❺ 蛋白 210克、細砂糖 110克

直徑15公分中空圓模X2

準備

1 材料❸的鮮奶及液體油秤在同一容器內，準備隔水加熱。
2 低筋麵粉過篩。
3 烤箱設定上、下火約170°C，提前預熱。

● 烤箱預熱時機及預熱溫度，請看p.24的說明。

做法

1 香蕉切成小塊後，用叉子壓成泥狀，再加香橙酒攪勻備用。
● 壓香蕉泥時，可保留一些顆粒，以增添口感風味。

製作蛋黃麵糊→參照p.12說明

2 材料❷的蛋黃加入鹽，用打蛋器攪打均勻備用。

3 材料❸隔水加熱（準備1），邊加熱邊攪動一下，加熱至約35°C，趁熱慢慢地倒入做法2的蛋黃糊內（邊倒邊攪）。

4 接著倒入香蕉泥（含香橙酒），攪拌均勻。

5 倒入已過篩的低筋麵粉，用打蛋器以不規則方向攪拌均勻，成為細緻的香蕉麵糊。

製作蛋白霜→參照p.14說明

6 用電動攪拌機將蛋白攪打至粗泡狀後，分3次加入細砂糖，並持續攪打至出現明顯紋路，呈小彎勾的打發狀態。
● 最後再以慢速攪打約1分鐘，成為細緻滑順的蛋白霜。

蛋黃麵糊＋蛋白霜→參照p.16說明

7 取約1/3分量的蛋白霜，倒入做法5的香蕉麵糊內，輕輕地拌勻，再刮入剩餘的蛋白霜內，從容器底部刮起攪勻，成為細緻的麵糊。

麵糊入模→參照p.17說明

8 用橡皮刮刀將麵糊刮入2個烤模內，並將麵糊表面輕輕地來回抹平。
● 麵糊入模時，最好秤重均分。

烘烤→參照p.17說明

9 將烤模放入已預熱的烤箱中，以上、下火約180°C烤約20~25分鐘，再將上火降約10~20°C，續烤約10~15分鐘。

可可戚風蛋糕

可可口味的戚風蛋糕，以「香橙酒」增香提味，是不可省略的「調味料」。

❶ 無糖可可粉 25克、熱水 85克
❷ 香橙酒 10克、液體油 35克
❸ 蛋黃 90克、鹽 1/8小匙
❹ 低筋麵粉 85克
❺ 蛋白 190克、細砂糖 110克

巧克力醬→
苦甜巧克力 120克、鮮奶 120克、無鹽奶油 40克

● 必須選用富含可可脂的苦甜巧克力。

準備

1 無糖可可粉加熱水調勻備用。
2 低筋麵粉過篩備用。
3 烤箱設定上、下火約170°C，提前預熱。

● 烤箱預熱時機及預熱溫度，請看p.24的說明。

直徑20公分中空圓模X1

做法

製作蛋黃麵糊→參照p.12說明

1 材料❸的蛋黃加入鹽，用打蛋器攪打均勻備用。

2 將調好的可可糊（準備1）趁熱加入香橙酒及液體油，用小湯匙攪勻，取約1/3的分量倒入做法1的蛋黃糊內（邊倒邊攪）。

- 以高脂可可粉製作，香氣濃郁，口感特別好；但製作麵糊時，卻有消泡之虞，因此必須掌握拌合方式。

3 接著再倒入已過篩的低筋麵粉約1/3的分量，用打蛋器以不規則方向攪勻，繼續分2次分別倒入剩餘的可可糊及麵粉，攪成均勻的可可麵糊。

- 可可糊與麵粉分三次交錯倒入蛋黃糊內，較易攪勻乳化。

製作蛋白霜→參照p.14說明

4 用電動攪拌機將蛋白攪打至粗泡狀後，分3次加入細砂糖，並持續攪打至出現明顯紋路，呈小彎勾的打發狀態。

- 最後再以慢速攪打約1分鐘，成為細緻滑順的蛋白霜。

蛋黃麵糊＋蛋白霜→參照p.16說明

5 取約1/3分量的蛋白霜，倒入做法3的可可麵糊內，輕輕地拌勻，再刮入剩餘的蛋白霜內，從容器底部刮起攪勻，成為細緻的麵糊。

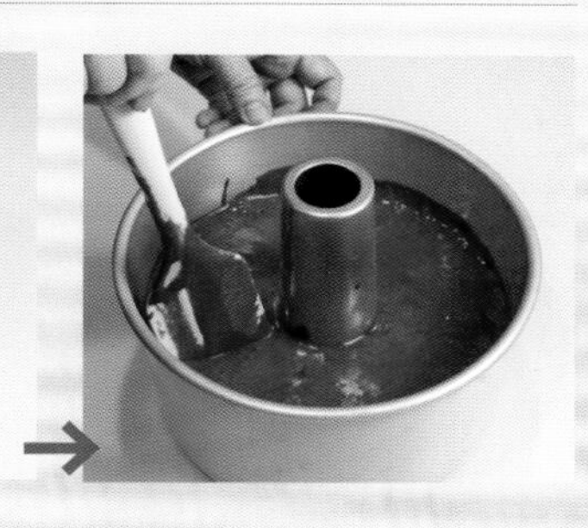

麵糊入模→參照p.17說明

6 用橡皮刮刀將麵糊刮入烤模內，並將麵糊表面輕輕地來回抹平。

烘烤→參照p.17說明

7 將烤模放入已預熱的烤箱中，以上、下火約180°C烤約20~25分鐘，再將上火降約10~20°C，續烤約10~15分鐘。

淋巧克力醬

8 苦甜巧克力加鮮奶隔水加熱（邊加熱邊攪動），巧克力完全融化前，即加入無鹽奶油，攪拌至融化且具光澤度；巧克力醬冷卻後淋在蛋糕體上，變稠後可用小抹刀劃出痕跡（亦可省略淋巧克力醬的動作）。

紅茶戚風蛋糕

淡淡的茶香，清新的好滋味。

❶ 伯爵紅茶包 2小包（約4克）、熱水 30克
❷ 蛋黃 90克、鹽 1/8小匙
❸ 鮮奶 40克、液體油 40克
❹ 低筋麵粉 90克
❺ 蛋白 190克、細砂糖 100克

直徑20公分中空圓模X1

準備

1 材料❶的紅茶包拆開取出碎茶葉，加熱水攪勻備用。
2 材料❸的鮮奶及液體油秤在同一容器內，準備隔水加熱。
3 低筋麵粉過篩。
4 烤箱設定上、下火約170°C，提前預熱。

● 烤箱預熱時機及預熱溫度，請看p.24的說明。

做法

製作蛋黃麵糊→參照p.12說明

1 材料❷的蛋黃加入鹽，用打蛋器攪打均勻備用。

2 材料❸隔水加熱（準備2），邊加熱邊攪動一下，加熱至約35°C，趁熱慢慢地倒入做法1的蛋黃糊內（邊倒邊攪）。

3 接著倒入紅茶汁液連同茶渣（準備1），攪拌均勻。

4 倒入已過篩的低筋麵粉，用打蛋器以不規則方向攪拌均勻，成為細緻的紅茶麵糊。

製作蛋白霜→參照p.14說明

5 用電動攪拌機將蛋白攪打至粗泡狀後，分3次加入細砂糖，並持續攪打至出現明顯紋路，呈小彎勾的打發狀態。

- 最後再以慢速攪打約1分鐘，成為細緻滑順的蛋白霜。

蛋黃麵糊＋蛋白霜→參照p.16說明

6 取約1/3分量的蛋白霜，倒入做法4的紅茶麵糊內，輕輕地拌勻，再刮入剩餘的蛋白霜內，從容器底部刮起攪勻，成為細緻的麵糊。

麵糊入模→參照p.17說明

7 用橡皮刮刀將麵糊刮入烤模內，並將麵糊表面輕輕地來回抹平。

烘烤→參照p.17說明

8 將烤模放入已預熱的烤箱中，以上、下火約180°C烤約20~25分鐘，再將上火降約10~20°C，續烤約10~15分鐘。

綜合堅果戚風蛋糕

隨心所欲搭配多樣堅果，耐人尋味的口感。

❶ 蛋黃 90克、鹽 1/8小匙

❷ 鮮奶 80克、液體油 40克

❸ 低筋麵粉 90克、杏仁粉 20克、綜合堅果 60克
（綜合堅果含杏仁豆、腰果、胡桃、核桃、開心果等，可依個人喜好選用搭配。）

❹ 蛋白 190克、細砂糖 100克

直徑20公分中空圓模X1

準備

1 材料❷的鮮奶及液體油秤在同一容器內，準備隔水加熱。

2 材料❸的杏仁粉用上、下火約150°C烤約10分鐘成金黃色，冷卻備用。

3 材料❸的綜合堅果用上、下火約150°C烤熟，再切成小粒備用（約烤10~15分鐘）。

4 低筋麵粉過篩。

5 烤箱設定上、下火約170°C，提前預熱。

● 烤箱預熱時機及預熱溫度，請看p.24的說明。

做法

製作蛋黃麵糊→參照p.12說明

1 材料❶的蛋黃加入鹽，用打蛋器攪打均勻備用。

2 將材料❷隔水加熱（準備1），邊加熱邊攪動一下，加熱至約35°C，趁熱慢慢倒入做法1的蛋黃糊內（邊倒邊攪）。

3 倒入已過篩的低筋麵粉，用打蛋器以不規則方向攪拌均勻，成為細緻的蛋黃麵糊。

4 接著倒入烤過的杏仁粉，攪成均勻細緻的杏仁麵糊。

製作蛋白霜→參照p.14說明

5 用電動攪拌機將蛋白攪打至粗泡狀後，分3次加入細砂糖，並持續攪打至出現明顯紋路，呈小彎勾的打發狀態。

● 最後再以慢速攪打約1分鐘，成為細緻滑順的蛋白霜。

蛋黃麵糊＋蛋白霜→參照p.16說明

6 取約1/3分量的蛋白霜，倒入做法4的杏仁麵糊內，輕輕地拌勻，再刮入剩餘的蛋白霜內，從容器底部刮起攪勻，成為細緻的麵糊。

麵糊入模→參照p.17說明

7 用橡皮刮刀將麵糊約1/2的分量刮入烤模內，稍微抹平後，先倒入一半的綜合堅果，輕輕地攤開。

8 再刮入剩餘的麵糊並倒入剩餘的堅果，用橡皮刮刀在麵糊表面輕輕地來回抹平。

● 綜合堅果的分量較多，因此分兩次與麵糊交錯入模，較能平均分布於麵糊中。

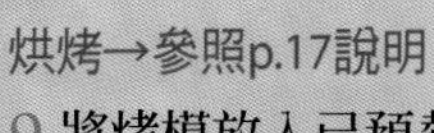

烘烤→參照p.17說明

9 將烤模放入已預熱的烤箱中，以上、下火約180°C烤約20~25分鐘，再將上火降約10~20°C，續烤約10~15分鐘。

乳酪戚風蛋糕

麵糊內含兩種乳酪，有助於口感的濕潤度。

❶ 奶油乳酪（cream cheese）50克、
切達乳酪（chaddar cheese）1片（約18克）、
鮮奶 85克、無鹽奶油 40克

❷ 蛋黃 100克、鹽 1/8小匙、檸檬皮屑 約1克（約1小匙）

❸ 低筋麵粉 90克

❹ 蛋白 200克、細砂糖 110克

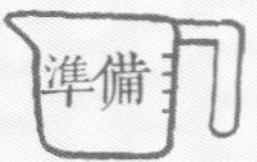

1 先秤取材料❶的兩種乳酪，放在室溫下回軟備用。

2 低筋麵粉過篩。

3 烤箱設定上、下火約170°C，提前預熱。

● 烤箱預熱時機及預熱溫度，請看p.24的說明。

直徑20公分中空圓模X1

做法

製作蛋黃麵糊→參照p.12說明

1 材料❶的兩種乳酪加入鮮奶約25克（剩餘的60克備用），隔水加熱軟化，加熱時邊用橡皮刮刀壓軟成泥狀。

2 用細篩網將做法1的乳酪壓成更細的糊狀。

● 篩完後，注意篩網內外殘留的乳酪糊都要刮乾淨。

3 再將材料❶剩餘的鮮奶（60克）及無鹽奶油一起倒入做法2的乳酪糊內，再隔水加熱將奶油融化（加熱至約35°C）。

4 材料❷的蛋黃加入鹽，用打蛋器攪打均勻備用。

5 將做法3的乳酪糊用打蛋器攪勻，再倒入做法4的蛋黃糊內（邊倒邊攪）。

6 接著加入檸檬皮屑，攪拌均勻。

7 倒入已過篩的低筋麵粉，用打蛋器以不規則方向攪拌均勻，成為細緻的乳酪麵糊。

製作蛋白霜→參照p.14說明

8 用電動攪拌機將蛋白攪打至粗泡狀後，分3次加入細砂糖，並持續攪打至出現明顯紋路，呈小彎勾的打發狀態。

● 最後再以慢速攪打約1分鐘，成為細緻滑順的蛋白霜。

蛋黃麵糊＋蛋白霜→參照p.16說明

9 取約1/3分量的蛋白霜，倒入做法7的乳酪麵糊內，輕輕地拌勻，再刮入剩餘的蛋白霜內，從容器底部刮起攪勻，成為細緻的麵糊。

麵糊入模→參照p.17說明

10 用橡皮刮刀將麵糊刮入烤模內，並將麵糊表面輕輕地來回抹平。

烘烤→參照p.17說明

11 將烤模放入已預熱的烤箱中，以上、下火約180°C烤約20~25分鐘，再將上火降約10~20°C，續烤約10~15分鐘。

檸檬戚風蛋糕

清香爽口的檸檬，肯定是戚風蛋糕的絕佳素材。

❶ 蛋黃 90克、鹽 1/8小匙、細砂糖 20克

❷ 低筋麵粉 90克

❸ 檸檬汁 20克（純檸檬汁，不含果粒）、冷開水 45克、檸檬皮屑 2克（約2小匙）、液體油 45克

● 量匙秤取方式：用刨皮刀刮下檸檬皮屑，輕輕地塞平在量匙內。→

❹ 蛋白 190克、細砂糖 95克

檸檬糖霜→

檸檬汁 25克、糖粉 100克（過篩後）

準備

1 低筋麵粉過篩。

2 材料❸的檸檬汁加冷開水、檸檬皮屑及液體油秤在同一容器內，準備隔水加熱。

3 烤箱設定上、下火約170°C，提前預熱。

● 烤箱預熱時機及預熱溫度，請看p.24的說明。

直徑20公分中空圓模X1

做法

製作蛋黃麵糊→參照p.12說明

1 材料❶的蛋黃加入鹽及細砂糖，用打蛋器攪打至細砂糖融化備用。

2 將材料❸隔水加熱（準備2），邊加熱邊攪動一下，加熱至約35°C，趁熱先將約1/3的分量慢慢地倒入做法1的蛋黃糊內（邊倒邊攪），接著倒入已過篩的低筋麵粉約1/3的分量攪勻，再分2次分別倒入麵粉及檸檬汁（含液體油），用打蛋器以不規則方向攪成均勻的檸檬麵糊。

● 檸檬汁與麵粉分三次交錯倒入蛋黃糊內，較易攪勻乳化。

製作蛋白霜→參照p.14說明

3 用電動攪拌機將蛋白攪打至粗泡狀後，分3次加入細砂糖，並持續攪打至出現明顯紋路，呈小彎勾的打發狀態。

● 最後再以慢速攪打約1分鐘，成為細緻滑順的蛋白霜。

蛋黃麵糊＋蛋白霜→參照p.16說明

4 取約1/3分量的蛋白霜，倒入做法2的檸檬麵糊內，輕輕地拌勻，再刮入剩餘的蛋白霜內，從容器底部刮起攪勻，成為細緻的麵糊。

麵糊入模→參照p.17說明

5 用橡皮刮刀將麵糊刮入烤模內，並將麵糊表面輕輕地來回抹平。

烘烤→參照p.17說明

6 將烤模放入已預熱的烤箱中，以上、下火約180°C烤約20~25分鐘，再將上火降約10~20°C，續烤約10~15分鐘。

淋檸檬糖霜

7 檸檬汁加糖粉用小湯匙攪勻，持續攪到糖粉完全融化且具光澤度；依個人喜好淋在蛋糕體上，最後可另外撒些檸檬皮屑裝飾。

● 也可省略淋檸檬糖霜。

櫻花蝦戚風蛋糕

烤脆的櫻花蝦，造就難以想像的蛋糕「鮮味」。

❶ 櫻花蝦 15克、白芝麻 15克、杏仁粉 20克
❷ 蛋黃 90克、鹽 1/8小匙
❸ 清水 60克、蘭姆酒 10克、液體油 40克
❹ 低筋麵粉 90克
❺ 蛋白 190克、細砂糖 95克

1 用上、下火約150°C將櫻花蝦烤脆後再捏碎，白芝麻及杏仁粉烤成金黃色備用（約烤10分鐘）。

2 材料❸的清水、蘭姆酒及液體油秤在同一容器內，準備隔水加熱。
3 低筋麵粉過篩。
4 烤箱設定上、下火約170°C，提前預熱。
● 烤箱預熱時機及預熱溫度，請看p.24的說明。

直徑20公分中空圓模X1

做法

製作蛋黃麵糊→參照p.12說明

1 材料❷的蛋黃加入鹽，用打蛋器攪打均勻備用。

2 材料❸隔水加熱（準備2），邊加熱邊攪動一下，加熱至約35°C，趁熱慢慢地倒入做法1的蛋黃糊內（邊倒邊攪）。

3 倒入已過篩的低筋麵粉，用打蛋器以不規則方向攪拌均勻，成為細緻的蛋黃麵糊。

4 接著倒入杏仁粉，攪成均勻的杏仁麵糊。

製作蛋白霜→參照p.14說明

5 用電動攪拌機將蛋白攪打至粗泡狀後，分3次加入細砂糖，並持續攪打至出現明顯紋路，呈小彎勾的打發狀態。

● 最後再以慢速攪打約1分鐘，成為細緻滑順的蛋白霜。

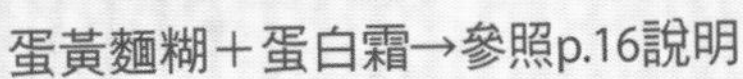

蛋黃麵糊＋蛋白霜→參照p.16說明

6 取約1/3分量的蛋白霜，倒入做法4的杏仁麵糊內，輕輕地拌勻，再刮入剩餘的蛋白霜內，從容器底部刮起攪勻，成為細緻的麵糊。

7 接著倒入櫻花蝦及白芝麻（先混和），輕輕地拌勻。

● 白芝麻裝入塑膠袋內，用擀麵棍碾碎，更能釋出香氣。

麵糊入模→參照p.17說明

8 用橡皮刮刀將麵糊刮入烤模內，並將麵糊表面輕輕地來回抹平。

烘烤→參照p.17說明

9 將烤模放入已預熱的烤箱中，以上、下火約180°C烤約20~25分鐘，再將上火降約10~20°C，續烤約10~15分鐘。

杏仁片戚風蛋糕

烤過的杏仁粉加杏仁片拌入麵糊中，香氣加倍，增添口感好滋味。

❶ 杏仁片 35克、杏仁粉 20克
❷ 蛋黃 90克、鹽 1/8小匙
❸ 煉奶 50克、冷開水 45克、液體油 40克
❹ 低筋麵粉 90克
❺ 蛋白 190克、細砂糖 100克

直徑20公分中空圓模X1

準備

1 杏仁粉及杏仁片（用手捏碎）分別用上、下火約150°C烤約10分鐘成金黃色，冷卻備用。

2 材料❸的煉奶加冷開水先調勻，再與液體油秤在同一容器內，準備隔水加熱。

3 低筋麵粉過篩。

4 烤箱設定上、下火約170°C，提前預熱。

● 烤箱預熱時機及預熱溫度，請看p.24的說明。

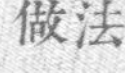

做法

製作蛋黃麵糊→參照p.12說明

1 材料❷的蛋黃加入鹽，用打蛋器攪打均勻備用。

2 材料❸隔水加熱（準備2），邊加熱邊攪動一下，加熱至約35°C，趁熱慢慢地倒入做法1的蛋黃糊內（邊倒邊攪）。

3 倒入已過篩的低筋麵粉，用打蛋器以不規則方向攪拌均勻，成為細緻的蛋黃麵糊。

4 接著倒入杏仁粉，攪成均勻的杏仁麵糊。

製作蛋白霜→參照p.14說明

5 用電動攪拌機將蛋白攪打至粗泡狀後，分3次加入細砂糖，並持續攪打至出現明顯紋路，呈小彎勾的打發狀態。

● 最後再以慢速攪打約1分鐘，成為細緻滑順的蛋白霜。

蛋黃麵糊＋蛋白霜→參照p.16說明

6 取約1/3分量的蛋白霜，倒入做法4的杏仁麵糊內，輕輕地拌勻，再刮入剩餘的蛋白霜內，從容器底部刮起攪勻，成為細緻的麵糊。

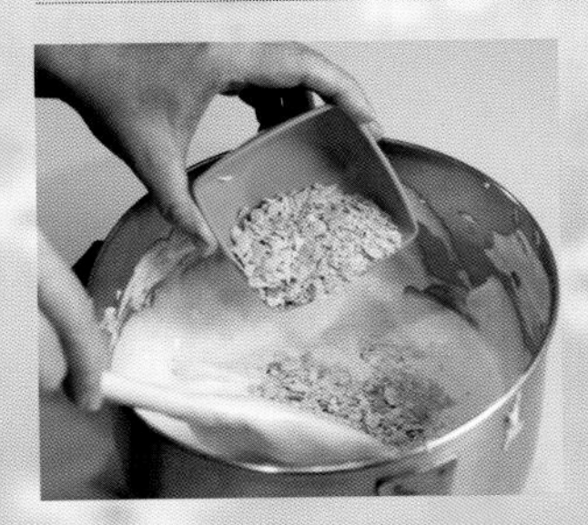

7 最後拌入杏仁片，輕輕地攪拌均勻。

麵糊入模→參照p.17說明

8 用橡皮刮刀將麵糊刮入烤模內，並將麵糊表面輕輕地來回抹平。

烘烤→參照p.17說明

9 將烤模放入已預熱的烤箱中，以上、下火約180°C烤約20~25分鐘，再將上火降約10~20°C，續烤約10~15分鐘。

芋絲椰奶戚風蛋糕

綿軟的芋頭加上椰奶的香氣，速配的滋味。

❶ 芋頭 65克（去皮後）
❷ 蛋黃 90克、鹽 1/8小匙
❸ 椰奶 85克、液體油 40克
❹ 低筋麵粉 90克
❺ 蛋白 190克、細砂糖 100克

直徑20公分中空圓模X1

1 芋頭切成長約1公分的細條狀。
2 材料❸的椰奶及液體油秤在同一容器內，準備隔水加熱。
3 低筋麵粉過篩。
4 烤箱設定上、下火約170°C，提前預熱。
● 烤箱預熱時機及預熱溫度，請看p.24的說明。

做法

1 芋頭切成細條狀，蒸約五分鐘，八、九分熟即可。

製作蛋黃麵糊→參照p.12說明

2 材料❷的蛋黃加入鹽，用打蛋器攪打均勻備用。

3 材料❸隔水加熱（準備2），邊加熱邊攪動一下，加熱至約35°C，趁熱慢慢地倒入做法2的蛋黃糊內（邊倒邊攪）。

4 倒入已過篩的低筋麵粉，用打蛋器以不規則方向攪拌均勻，成為細緻的椰奶麵糊。

製作蛋白霜→參照p.14說明

5 用電動攪拌機將蛋白攪打至粗泡狀後，分3次加入細砂糖，並持續攪打至出現明顯紋路，呈小彎勾的打發狀態。

● 最後再以慢速攪打約1分鐘，成為細緻滑順的蛋白霜。

蛋黃麵糊＋蛋白霜→參照p.16說明

6 取約1/3分量的蛋白霜，加入做法4的椰奶麵糊內，輕輕地拌合均勻，再刮入剩餘的蛋白霜內，輕輕地從容器底部刮起攪勻，成為細緻的麵糊。最後加入做法1的芋頭絲，輕輕地攪拌均勻。

麵糊入模→參照p.17說明

7 用橡皮刮刀將麵糊刮入烤模內，並將麵糊表面輕輕地來回抹平。

烘烤→參照p.17說明

8 將烤模放入已預熱的烤箱中，以上、下火約180°C烤約20~25分鐘，再將上火降約10~20°C，續烤約10~15分鐘。

蘭姆葡萄戚風蛋糕

切碎的葡萄乾加蘭姆酒，更能釋放香甜氣味。

❶ 葡萄乾 40克、蘭姆酒 30克
❷ 蛋黃 90克、鹽 1/8小匙
❸ 香橙汁 45克（純果汁，不含果粒）、液體油 40克
❹ 低筋麵粉 90克
❺ 蛋白 190克、細砂糖 90克

直徑20公分中空圓模X1

準備

1 材料❶的葡萄乾切碎，加蘭姆酒浸泡約30分鐘左右。

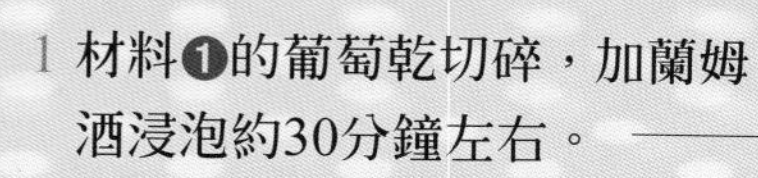

2 材料❸的香橙汁及液體油秤在同一容器內，準備隔水加熱。
3 低筋麵粉過篩。
4 烤箱設定上、下火約170°C，提前預熱。

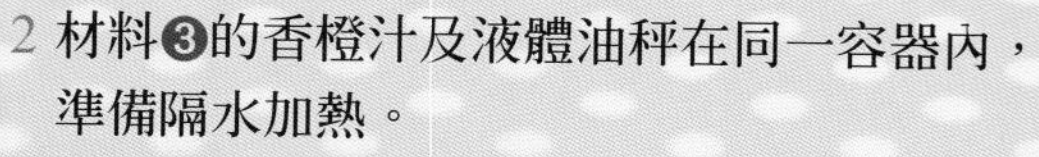

● 烤箱預熱時機及預熱溫度，請看p.24的說明。

做法

製作蛋黃麵糊→參照p.12說明

1 材料❷的蛋黃加入鹽，用打蛋器攪打均勻備用。

2 材料❸隔水加熱（準備2），邊加熱邊攪動一下，加熱至約35°C。

3 接著倒入準備1的葡萄乾（連同蘭姆酒），攪拌均勻。

4 做法3的液體趁熱慢慢地倒入做法1的蛋黃糊內（邊倒邊攪）。

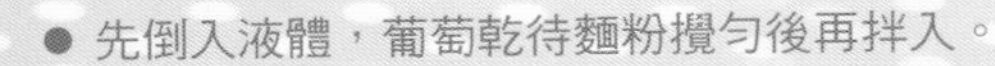

● 先倒入液體，葡萄乾待麵粉攪勻後再拌入。

5 倒入已過篩的低筋麵粉，用打蛋器以不規則方向攪拌均勻，成為細緻的香橙麵糊。

6 接著倒入葡萄乾，攪拌均勻。

製作蛋白霜→參照p.14說明

7 用電動攪拌機將蛋白攪打至粗泡狀後，分3次加入細砂糖，並持續攪打至出現明顯紋路，呈小彎勾的打發狀態。

● 最後再以慢速攪打約1分鐘，成為細緻滑順的蛋白霜。

蛋黃麵糊＋蛋白霜→參照p.16說明

8 取約1/3分量的蛋白霜，倒入做法6的香橙麵糊內，輕輕地拌勻，再刮入剩餘的蛋白霜內，從容器底部刮起攪勻，成為細緻的麵糊。

麵糊入模→參照p.17說明

9 用橡皮刮刀將麵糊刮入烤模內，並將麵糊表面輕輕地來回抹平。

烘烤→參照p.17說明

10 將烤模放入已預熱的烤箱中，以上、下火約180°C烤約20~25分鐘，再將上火降約10~20°C，續烤約10~15分鐘。

三色戚風蛋糕

多色組合的麵糊變化，在於視覺效果，也考驗製作的速度。

材料

❶ 蛋黃 100克、鹽 1/8小匙
❷ 鮮奶 80克、液體油 45克
❸ 低筋麵粉 100克
❹ 紅麴粉 1小匙、抹茶粉 1小匙
❺ 蛋白 210克、細砂糖 115克

直徑20公分中空圓模X1

準備

1 材料❷的鮮奶及液體油秤在同一容器內，準備隔水加熱。
2 低筋麵粉過篩。
3 烤箱設定上、下火約170°C，提前預熱。

● 烤箱預熱時機及預熱溫度，請看p.24的說明。

做法

製作蛋黃麵糊→參照p.12說明

1 材料❶的蛋黃加入鹽，用打蛋器攪打均勻備用。

2 材料❷隔水加熱（準備1），邊加熱邊攪動一下，加熱至約35°C，趁熱慢慢地倒入做法1的蛋黃糊內（邊倒邊攪）。

3 倒入已過篩的低筋麵粉，用打蛋器以不規則方向攪成細緻的蛋黃麵糊，再取出麵糊約100克，共2份。

4 再將做法3的2份麵糊分別加入抹茶粉及紅麴粉，調成綠、紅色的麵糊。

製作蛋白霜→參照p.14說明

5 用電動攪拌機將蛋白攪打至粗泡狀後，分3次加入細砂糖，並持續攪打至出現明顯紋路，呈小彎勾的打發狀態。

- 最後再以慢速攪打約1分鐘，成為細緻滑順的蛋白霜。

三色的蛋黃麵糊＋蛋白霜→參照p.16說明

6 取兩份各約100克的蛋白霜，分別倒入做法4的綠、紅色麵糊內，用橡皮刮刀輕輕地拌勻。

- 蛋白霜分別與2色麵糊拌合時，仍要分2次拌入蛋白霜。

7 將剩餘的蛋白霜分2次倒入做法3剩餘的蛋黃麵糊內，用橡皮刮刀輕輕地拌勻（原色麵糊）。

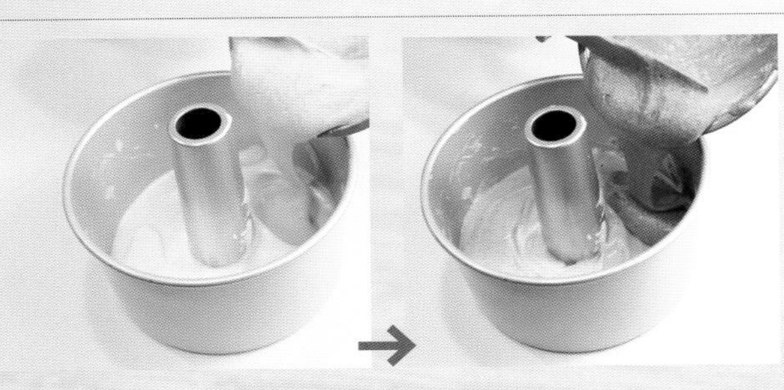

麵糊入模→參照p.17說明

8 先將做法7的原色麵糊約1/2的分量刮入烤模內，稍微抹平後，再分別刮入約1/2分量的綠、紅色麵糊（稍微抹平再刮入另一色麵糊）。

9 繼續重複做法8的動作，最後將麵糊表面來回抹勻即可。

烘烤→參照p.17說明

10 將烤模放入已預熱的烤箱中，以上、下火約180°C烤約20~25分鐘，再將上火降約10~20°C，續烤約10~15分鐘。

抹茶紅豆戚風蛋糕

抹茶加紅豆，熟悉的好滋味。

❶ 抹茶粉 10克、熱水 65克、無鹽奶油 45克
❷ 蛋黃 95克、鹽 1/8小匙
❸ 低筋麵粉 90克
❹ 蛋白 190克、細砂糖 100克
❺ 蜜紅豆 65克

1 低筋麵粉過篩。
2 烤箱設定上、下火約170°C，提前預熱。
● 烤箱預熱時機及預熱溫度，請看p.24的說明。

直徑20公分中空圓模X1

做法

製作蛋黃麵糊→參照p.12說明

1 材料❶的抹茶粉加熱水攪勻，無鹽奶油隔水融化，再將抹茶液倒入奶油液中攪勻。
● 融合後的抹茶奶油保持微溫狀態備用。

2 材料❷的蛋黃加入鹽，用打蛋器攪打均勻備用。

3 做法1的抹茶奶油趁微溫時，慢慢地倒入做法2的蛋黃糊內（邊倒邊攪）。

4 倒入已過篩的低筋麵粉，用打蛋器以不規則方向攪拌均勻，成為細緻的抹茶麵糊。

製作蛋白霜→參照p.14說明

5 用電動攪拌機將蛋白攪打至粗泡狀後，分3次加入細砂糖，並持續攪打至出現明顯紋路，呈小彎勾的打發狀態。
● 最後再以慢速攪打約1分鐘，成為細緻滑順的蛋白霜。

蛋黃麵糊＋蛋白霜→參照p.16說明

6 取約1/3分量的蛋白霜，倒入做法4的抹茶麵糊內，輕輕地拌勻，再刮入剩餘的蛋白霜內，從容器底部刮起攪勻，成為細緻的麵糊。

7 接著倒入蜜紅豆，用橡皮刮刀稍微拌一下即可。

● 也可將蜜紅豆在麵糊入模後再倒入，用橡皮刮刀輕輕地拌一下即可。

麵糊入模→參照p.17說明

8 用橡皮刮刀將麵糊刮入烤模內，並將麵糊表面輕輕地來回抹平。

烘烤→參照p.17說明

9 將烤模放入已預熱的烤箱中，以上、下火約180°C烤約20~25分鐘，再將上火降約10~20°C，續烤約10~15分鐘。

百香果優格戚風蛋糕

百香果濃郁的香氣與天然的色澤，是蛋糕體絕佳的「添加物」。

材料

❶ 蛋黃 90克、鹽 1/8小匙

❷ 百香果汁 60克（純果汁，不含籽）、液體油 40克

❸ 原味優格 45克、低筋麵粉 95克

（原味優格：呈固態狀，秤取時，儘量去除水分。）→

❹ 蛋白 190克、細砂糖 100克

直徑20公分中空圓模X1

準備

1 材料❷的百香果用湯匙將果肉在篩網上壓出果汁，再與液體油秤在一起，準備隔水加熱。

2 低筋麵粉過篩。

3 烤箱設定上、下火約180°C，提前預熱。

● 烤箱預熱時機及預熱溫度，請看p.24的說明。

做法

製作蛋黃麵糊→參照p.12說明

1 材料❶的蛋黃加入鹽，用打蛋器攪打均勻備用。

2 材料❷隔水加熱（準備1），邊加熱邊攪動一下，加熱至約35°C，趁熱慢慢地倒入做法1的蛋黃糊內（邊倒邊攪）。

3 接著倒入原味優格，攪拌均勻。

4 倒入已過篩的低筋麵粉，用打蛋器以不規則方向攪拌均勻，成為細緻的百香果麵糊。

製作蛋白霜→參照p.14說明

5 用電動攪拌機將蛋白攪打至粗泡狀後，分3次加入細砂糖，並持續攪打至出現明顯紋路，呈小彎勾的打發狀態。

- 最後再以慢速攪打約1分鐘，成為細緻滑順的蛋白霜。

蛋黃麵糊＋蛋白霜→參照p.16說明

6 取約1/3分量的蛋白霜，倒入做法4的百香果麵糊內，輕輕地拌勻，再刮入剩餘的蛋白霜內，從容器底部刮起攪勻，成為細緻的麵糊。

麵糊入模→參照p.17說明

7 用橡皮刮刀將麵糊刮入烤模內，並將麵糊表面輕輕地來回抹平。

烘烤→參照p.17說明

8 將烤模放入已預熱的烤箱中，以上、下火約180°C烤約20~25分鐘，再將上火降約10~20°C，續烤約10~15分鐘。

黑啤酒戚風蛋糕

黑啤酒內含酵素，有助於蛋糕組織的柔軟度。

❶ 蛋黃 90克、鹽 1/8小匙
❷ 黑啤酒 80克、液體油 40克
❸ 低筋麵粉 90克
❹ 蛋白 190克、細砂糖 100克
❺ 開心果仁 35克

準備

1 材料❺的開心果仁用上、下火約150°C烤約10分鐘，冷卻後切碎備用。
2 低筋麵粉過篩。
3 烤箱設定上、下火約170°C，提前預熱。
● 烤箱預熱時機及預熱溫度，請看p.24的說明。

直徑20公分中空圓模X1

做法

製作蛋黃麵糊→參照p.12說明

1 材料❶的蛋黃加入鹽，用打蛋器攪打均勻備用。

2 黑啤酒用小火加熱，稍微沸騰即熄火（加熱後的黑啤酒約為70克）。

● 將黑啤酒加熱去除酒精及澀味，留下麥香味。

3 加熱後的黑啤酒與液體油混和，呈現微溫狀態，慢慢地倒入做法1的蛋黃糊內（邊倒邊攪）。

4 倒入已過篩的低筋麵粉，用打蛋器以不規則方向攪拌均勻，成為細緻的黑啤酒麵糊。

製作蛋白霜→參照p.14說明

5 用電動攪拌機將蛋白攪打至粗泡狀後，分3次加入細砂糖，並持續攪打至出現明顯紋路，呈小彎勾的打發狀態。

● 最後再以慢速攪打約1分鐘，成為細緻滑順的蛋白霜。

蛋黃麵糊＋蛋白霜p.16說明

6 取約1/3分量的蛋白霜，倒入做法4的黑啤酒麵糊內，輕輕地拌勻，再刮入剩餘的蛋白霜內，從容器底部刮起攪勻，成為細緻的麵糊。

麵糊入模→參照p.17說明

7 接著倒入切碎的開心果仁，輕輕地拌合即可。

8 用橡皮刮刀將麵糊刮入烤模內，並將麵糊表面輕輕地來回抹平。

烘烤→參照p.17說明

9 將烤模放入已預熱的烤箱中，以上、下火約180˚C烤約20~25分鐘，再將上火降約10~20˚C，續烤約10~15分鐘。

雙色戚風蛋糕

顏色對比的素材，都可做成兩色麵糊，具視覺效果。

材料

❶ 蛋黃 100克、鹽 1/8小匙
❷ 鮮奶 60克、液體油 40克、香橙酒 2小匙
❸ 低筋麵粉 100克
❹ 苦甜巧克力 45克
● 必須選用富含可可脂的苦甜巧克力。
❺蛋白 200克、細砂糖 115克

準備

1 材料❷的鮮奶、液體油及香橙酒秤在同一容器內，準備隔水加熱。
2 苦甜巧克力隔水融化。
3 低筋麵粉過篩。
4 烤箱設定上、下火約170˚C，提前預熱。
● 烤箱預熱時機及預熱溫度，請看p.24的說明。

直徑20公分中空圓模X1

做法

製作蛋黃麵糊→參照p.12說明

1 材料❶的蛋黃加入鹽，用打蛋器攪打均勻備用。

2 材料❷隔水加熱（準備1），邊加熱邊攪動一下，加熱至約35°C，趁熱慢慢地倒入做法1的蛋黃糊內（邊倒邊攪）。

3 倒入已過篩的低筋麵粉，用打蛋器以不規則方向攪拌均勻，成為細緻的蛋黃麵糊。

4 取做法3的麵糊約100克加入融化的巧克力，攪拌均勻成黑色麵糊備用。

製作蛋白霜→參照p.14說明

5 用電動攪拌機將蛋白攪打至粗泡狀後，分3次加入細砂糖，並持續攪打至出現明顯紋路，呈小彎勾的打發狀態。

- 最後再以慢速攪打約1分鐘，成為細緻滑順的蛋白霜。

兩色的蛋黃麵糊＋蛋白霜→參照p.16說明

6 取約200克的蛋白霜，分2次倒入做法3的蛋黃麵糊內，用橡皮刮刀輕輕地拌勻（從容器底部刮起攪勻），成為細緻的白色麵糊。

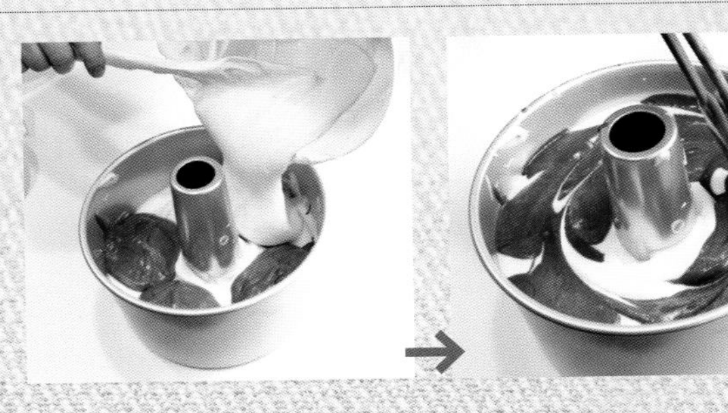

7 再將剩餘的蛋白霜分2次拌入做法4的黑色麵糊內，輕輕地拌勻。

麵糊入模→參照p.17說明

8 用橡皮刮刀先將白色麵糊約1/3的分量刮入烤模內，再用湯匙舀入約1/2分量的黑色麵糊在白色麵糊上。

9 再分別刮入白色及黑色麵糊，再用筷子輕輕地攪動，最後用橡皮刮刀在麵糊表面輕輕地稍微抹平即可。

- 麵糊全部入模後，用筷子或是刮刀輕輕地挑起，不要過度攪拌，才會顯出兩色分明的麵糊。

烘烤→參照p.17說明

10 將烤模放入已預熱的烤箱中，以上、下火約180°C烤約20~25分鐘，再將上火降約10~20°C，續烤約10~15分鐘。

肉桂咖啡戚風蛋糕

以肉桂為「主味」，藉由咖啡與核桃的層次香氣，增添豐富的口感。

材料

❶ 碎核桃 40克
❷ 即溶咖啡粉 1大匙（約4克）、熱水 60克、細砂糖15克
❸ 蛋黃 90公克、鹽 1/8小匙、液體油 40克
❹ 低筋麵粉 90克、肉桂粉 2小匙（約4克）
❺ 蛋白 190克、細砂糖 95克

巧克力醬→
苦甜巧克力 60克、鮮奶 60克、無鹽奶油 20克
裝飾→棉花糖 適量

直徑20公分中空圓模X1

準備

1 碎核桃用上、下火約150°C烤約10分鐘，冷卻備用。
2 即溶咖啡粉加熱水及細砂糖調勻，成為咖啡液備用。
3 低筋麵粉加肉桂粉一起過篩。
4 烤箱設定上、下火約170°C，提前預熱。

● 烤箱預熱時機及預熱溫度，請看p.24的說明。

做法

製作蛋黃麵糊→參照p.12說明

1 材料❸的蛋黃加入鹽，用打蛋器攪打均勻備用。

2 將材料❸的液體油慢慢地倒入做法1的蛋黃糊內（邊倒邊攪）。

3 先將材料❹的低筋麵粉（含肉桂粉）約1/2的分量倒入做法2的蛋黃糊內（先不要攪勻），再倒入咖啡混合液（準備2）約1/2的分量。

● 咖啡粉亦屬酸澀食材，易使蛋黃內的蛋白質凝結而影響乳化效果，因此與低筋麵粉交錯拌入。

4 繼續倒入剩餘的粉料及咖啡混合液，攪成均勻的肉桂咖啡麵糊。

製作蛋白霜→參照p.14說明

5 用電動攪拌機將蛋白攪打至粗泡狀後，分3次加入細砂糖，並持續攪打至出現明顯紋路，呈小彎勾的打發狀態。

● 最後再以慢速攪打約1分鐘，成為細緻滑順的蛋白霜。

蛋黃麵糊＋蛋白霜→參照p.16說明

6 取約1/3分量的蛋白霜，倒入做法4的肉桂咖啡麵糊內，輕輕地拌勻，再刮入剩餘的蛋白霜內，從容器底部刮起攪勻，成為細緻的麵糊。

麵糊入模→參照p.17說明

7 用橡皮刮刀將麵糊刮入烤模內。

8 將麵糊表面稍微抹平，接著撒上碎核桃，再將麵糊表面來回抹勻即可。

● 麵糊全部刮入烤模內，可先不用抹平，撒完碎核桃後再用刮刀攤開抹平即可。

烘烤→參照p.17說明

9 將烤模放入已預熱的烤箱中，以上、下火約180°C烤約20~25分鐘，再將上火降約10~20°C，續烤約10~15分鐘。

裝飾

10 依p.41做法8製作巧克力醬，在蛋糕體上擠出線條，並放些適量的棉花糖裝飾（也可省略此裝飾）。

七味粉戚風蛋糕

嘗試不同的辛香口味，其中的白芝麻，可讓整體口感更加柔和順口。

材料

❶ 蛋黃 95克、鹽 1/8小匙
❷ 鮮奶 70克、液體油 40克
❸ 低筋麵粉 90克
❹ 七味粉 1又1/4小匙、
熟的白芝麻粒 20克

● 七味粉：除以辣椒為主外，另含六種辛香料，是日式料理的調味料，在一般超市有售。

❺ 蛋白 190克、細砂糖 100克

準備

1 材料❷的鮮奶及液體油秤在同一容器內，準備隔水加熱。
2 低筋麵粉過篩。
3 烤箱設定上、下火約170°C，提前預熱。
● 烤箱預熱時機及預熱溫度，請看p.24的說明。

直徑20公分中空圓模X1

做法

製作蛋黃麵糊→參照p.12說明

1 材料❶的蛋黃加入鹽，用打蛋器攪打均勻備用。

2 材料❷隔水加熱（準備1），邊加熱邊攪動一下，加熱至約35°C，趁熱慢慢地倒入做法1的蛋黃糊內（邊倒邊攪）。

3 倒入已過篩的低筋麵粉，用打蛋器以不規則方向攪拌均勻，成為細緻的蛋黃麵糊。

4 接著倒入七味粉及熟的白芝麻粒，攪拌均勻。

● 白芝麻裝入塑膠袋內，用擀麵棍碾碎，更能釋出香氣。

製作蛋白霜→參照p.14說明

5 用電動攪拌機將蛋白攪打至粗泡狀後，分3次加入細砂糖，並持續攪打至出現明顯紋路，呈小彎勾的打發狀態。

● 最後再以慢速攪打約1分鐘，成為細緻滑順的蛋白霜。

蛋黃麵糊＋蛋白霜→參照p.16說明

6 取約1/3分量的蛋白霜，倒入做法4的蛋黃麵糊內，輕輕地拌勻，再刮入剩餘的蛋白霜內，從容器底部刮起攪勻，成為細緻的麵糊。

麵糊入模→參照p.17說明

7 用橡皮刮刀將麵糊刮入烤模內，並將麵糊表面輕輕地來回抹平。

烘烤→參照p.17說明

8 將烤模放入已預熱的烤箱中，以上、下火約180°C烤約20~25分鐘，再將上火降約10~20°C，續烤約10~15分鐘。

番茄糊戚風蛋糕

番茄糊是做蛋糕的好素材，增色提味效果佳。

❶ 蛋黃 110克、鹽 1/4小匙
❷ 鮮奶 70克、液體油 40克
❸ 番茄糊 50克、
　蔓越莓乾（切碎） 30克
❹ 低筋麵粉 100克
❺ 蛋白 210克、細砂糖 120克

準備

1 材料❷的鮮奶及液體油秤在同一容器內，準備隔水加熱。
2 低筋麵粉過篩。
3 烤箱設定上、下火約170°C，提前預熱。
● 烤箱預熱時機及預熱溫度，請看p.24的說明。

直徑15公分中空圓模X2

做法

製作蛋黃麵糊→參照p.12說明

1 材料❶的蛋黃加入鹽，用打蛋器攪打均勻備用。

2 材料❷隔水加熱（準備1），邊加熱邊攪動一下，加熱至約35°C，趁熱慢慢倒入做法1的蛋黃糊內（邊倒邊攪）。

3 接著倒入番茄糊，攪拌均勻。

4 倒入已過篩的低筋麵粉，用打蛋器以不規則方向攪拌均勻，成為細緻的番茄麵糊。

製作蛋白霜→參照p.14說明

5 用電動攪拌機將蛋白攪打至粗泡狀後，分3次加入細砂糖，並持續攪打至出現明顯紋路，呈小彎勾的打發狀態。
● 最後再以慢速攪打約1分鐘，成為細緻滑順的蛋白霜。

蛋黃麵糊＋蛋白霜→參照p.16說明

6 取約1/3分量的蛋白霜，倒入做法4的番茄麵糊內，輕輕地拌勻，再刮入剩餘的蛋白霜內，從容器底部刮起攪勻，成為細緻的麵糊。

7 將蔓越莓乾倒入麵糊內，用橡皮刮刀輕輕地拌勻。

麵糊入模→參照p.17說明

8 用橡皮刮刀將麵糊刮入2個烤模內，並將麵糊表面輕輕地來回抹平。

● 麵糊入模時，最好秤重均分。

烘烤→參照p.17說明

9 將烤模放入已預熱的烤箱中，以上、下火約180°C烤約20~25分鐘，再將上火降約10~20°C，續烤約10~15分鐘。

紅蘿蔔橙汁戚風蛋糕

紅蘿蔔當作蛋糕體配料，並以橙汁及橙皮調味，口感不再單調。

❶ 紅蘿蔔 60克（去皮後）、
香橙皮屑 5克（約1個）

❷ 蛋黃 120克、鹽 1/4小匙

❸ 香橙汁 60克（純果汁，不含果粒）、
無鹽奶油 55克

❹ 低筋麵粉 120克

❺ 蛋白 240克、細砂糖 135克

香橙糖漿→

香橙汁 20克、糖粉 80克、香橙皮屑 約1小匙

1 用刨皮刀刮下香橙皮屑，
橙皮的白色部分不要刮到，
以免口感苦澀。→

2 材料❸的香橙汁及無鹽奶油秤在同一容器內，準備隔水加熱。

3 低筋麵粉過篩。

4 烤箱設定上、下火約170°C，提前預熱。

● 烤箱預熱時機及預熱溫度，請看p.24的說明。

直徑15公分中空圓模X2

做法

1 紅蘿蔔刨成細絲後再切碎，與香橙皮屑放一起備用。

製作蛋黃麵糊→參照p.12說明

2 材料❷的蛋黃加入鹽，用打蛋器攪打均勻備用。

3 材料❸隔水加熱（準備2）邊加熱邊攪動一下，奶油在全部融化前，即可倒入做法1的紅蘿蔔。

4 邊加熱邊用小湯匙攪勻，熄火後，利用餘溫將紅蘿蔔稍微軟化一下。

5 做法4的液體微溫時，即可慢慢地倒入做法2的蛋黃糊內（邊倒邊攪）。

6 倒入已過篩的低筋麵粉，用打蛋器以不規則方向攪拌均勻，成為細緻的紅蘿蔔麵糊。

製作蛋白霜→參照p.14說明

7 用電動攪拌機將蛋白攪打至粗泡狀後，分3次加入細砂糖，並持續攪打至出現明顯紋路，呈小彎勾的打發狀態。

● 最後再以慢速攪打約1分鐘，成為細緻滑順的蛋白霜。

蛋黃麵糊＋蛋白霜→參照p.16說明

8 取約1/3分量的蛋白霜，倒入做法6的紅蘿蔔麵糊內，輕輕地拌勻，再刮入剩餘的蛋白霜內，從容器底部刮起攪勻，成為細緻的麵糊。

麵糊入模→參照p.17說明

9 用橡皮刮刀將麵糊刮入2個烤模內，並將麵糊表面輕輕地來回抹平。

● 麵糊入模時，最好秤重均分。

烘烤→參照p.17說明

10 將烤模放入已預熱的烤箱中，以上、下火約180°C烤約20~25分鐘，再將上火降約10~20°C，續烤約10~15分鐘。

淋香橙糖漿

11 香橙汁及糖粉用小湯匙攪到糖粉完全融化且具光澤度後，再拌入香橙皮屑，攪勻後，直接擠在蛋糕體上。

● 香橙糖漿可增添風味，除利用擠袋之外，也可用湯匙舀在蛋糕體上；當然也可省略此步驟。

焦糖戚風蛋糕

成人風的焦香甜味，配上溫潤滑口的打發鮮奶油，特別對味。

❶ 細砂糖 60克、水 20克、熱水 35克
❷ 蛋黃 100克、鹽 1/8小匙
❸ 鮮奶 40克、液體油 40克
❹ 低筋麵粉 100克
❺ 蛋白 200克、細砂糖 100克

抹面→
動物性鮮奶油 200克、細砂糖 15克
裝飾→無糖可可粉 少許

1 材料❸的鮮奶及液體油秤在同一容器內，準備隔水加熱。
2 低筋麵粉過篩。
3 烤箱設定上、下火約170°C，提前預熱。
● 烤箱預熱時機及預熱溫度，請看p.24的說明。

直徑20公分中空圓模X1

做法

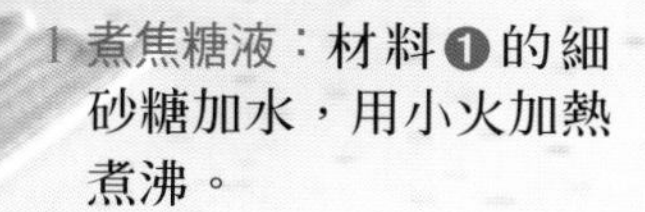

1 煮焦糖液：材料❶的細砂糖加水，用小火加熱煮沸。

2 持續加熱後，糖水由透明變成金黃色。

● 加熱時，如鍋邊有沾黏的糖塊，可用湯匙(或木匙)刮下來，受熱即會融化。

3 糖水液煮成褐色時即熄火，接著慢慢地倒入熱水，倒完後再攪勻，即成稀的焦糖液（取60克備用）。

製作蛋黃麵糊→參照p.12說明

4 材料❷的蛋黃加入鹽，用打蛋器攪打均勻，再倒入冷卻後的焦糖液。

5 材料❸隔水加熱（準備1），邊加熱邊攪動一下，加熱至約35°C，趁熱慢慢地倒入做法4的蛋黃糊內（邊倒邊攪）。

6 倒入已過篩的低筋麵粉，用打蛋器以不規則方向攪拌均勻，成為細緻的焦糖麵糊。

製作蛋白霜→參照p.14說明

7 用電動攪拌機將蛋白攪打至粗泡狀後，分3次加入細砂糖，並持續攪打至出現明顯紋路，呈小彎勾的打發狀態。

● 最後再以慢速攪打約1分鐘，成為細緻滑順的蛋白霜。

蛋黃麵糊＋蛋白霜→參照p.16說明

8 取約1/3分量的蛋白霜，倒入做法6的焦糖麵糊內，輕輕地拌勻，再刮入剩餘的蛋白霜內，從容器底部刮起攪勻，成為細緻的麵糊。

麵糊入模→參照p.17說明

9 用橡皮刮刀將麵糊刮入烤模內，並將麵糊表面輕輕地來回抹平。

烘烤→參照p.17說明

10 將烤模放入已預熱的烤箱中，以上、下火約180°C烤約20~25分鐘，再將上火降約10~20°C，續烤約10~15分鐘。

抹面

11 將動物性鮮奶油加細砂糖打發後，抹在蛋糕表面，最後篩些可可粉裝飾。

● 也可省略抹鮮奶油。

蘋果橙汁戚風蛋糕

天然的蘋果加橙汁，味道並不明顯，但仍表現出組織的柔軟度。

❶ 蛋黃 90克、鹽 1/8小匙

❷ 香橙汁 60克（純果汁，不含果粒）、液體油 40克

❸ 蘋果 50克（去皮後）

❹ 低筋麵粉 100克

❺ 蛋白 190克、細砂糖 95克

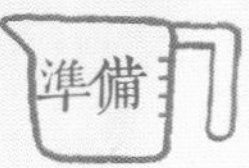

1 材料❷的香橙汁及液體油秤在同一容器內，準備隔水加熱。

2 低筋麵粉過篩。

3 烤箱設定上、下火約170°C，提前預熱。

● 烤箱預熱時機及預熱溫度，請看p.24的說明。

做法

1 用磨泥器將蘋果磨成泥狀備用。

製作蛋黃麵糊→參照p.12說明

2 材料❶的蛋黃加入鹽，用打蛋器攪打均勻備用。

3 材料❷隔水加熱（準備1），並加入蘋果泥，邊加熱邊攪動一下，加熱至約35°C，趁熱慢慢地倒入做法2的蛋黃糊內（邊倒邊攪）。

4 倒入已過篩的低筋麵粉，用打蛋器以不規則方向攪拌均勻，成為細緻的蘋果橙汁麵糊。

製作蛋白霜→參照p.14說明

5 用電動攪拌機將蛋白攪打至粗泡狀後，分3次加入細砂糖，並持續攪打至出現明顯紋路，呈小彎勾的打發狀態。

- 最後再以慢速攪打約1分鐘，成為細緻滑順的蛋白霜。

蛋黃麵糊＋蛋白霜→參照p.16說明

6 取約1/3分量的蛋白霜，倒入做法4的蘋果橙汁麵糊內，輕輕地拌勻，再刮入剩餘的蛋白霜內，從容器底部刮起攪勻，成為細緻的麵糊。

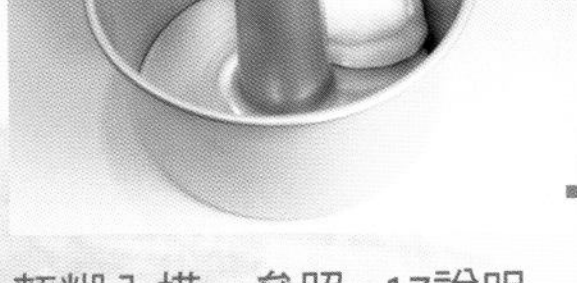

麵糊入模→參照p.17說明

7 用橡皮刮刀將麵糊刮入烤模內，並將麵糊表面輕輕地來回抹平。

烘烤→參照p.17說明

8 將烤模放入已預熱的烤箱中，以上、下火約180°C烤約20~25分鐘，再將上火降約10~20°C，續烤約10~15分鐘。

青醬戚風蛋糕

利用市售的「青醬」製作戚風蛋糕，方便又美味，烘烤時即散發濃郁香氣。

❶ 蛋黃 90克、鹽 1/8小匙
❷ 鮮奶 75克、
青醬（pesto市售的罐裝產品）45克
❸ 低筋麵粉 90克、杏仁粉 20克
❹ 蛋白 190克、細砂糖 100克

直徑20公分中空圓模X1

準備

1 材料❷的鮮奶及青醬（用小湯匙將罐內的青醬攪勻，連同油脂秤取）秤在同一容器內，準備隔水加熱。
2 材料❸的杏仁粉用上、下火約150°C烤約10分鐘成金黃色，冷卻備用。
3 低筋麵粉過篩。
4 烤箱設定上、下火約170°C，提前預熱。
● 烤箱預熱時機及預熱溫度，請看p.24的說明。

做法

製作蛋黃麵糊→參照p.12說明

1 材料❶的蛋黃加入鹽，用打蛋器攪打均勻備用。

2 材料❷隔水加熱（準備1），邊加熱邊攪動一下，加熱至約35°C。

3 加熱後的鮮奶及青醬趁熱慢慢地倒入做法1的蛋黃糊內（邊倒邊攪）。

4 倒入已過篩的低筋麵粉，用打蛋器以不規則方向攪拌均勻，成為細緻的蛋黃麵糊。

5 接著倒入杏仁粉，攪成均勻的青醬杏仁麵糊。

製作蛋白霜→參照p.14說明

6 用電動攪拌機將蛋白攪打至粗泡狀後，分3次加入細砂糖，並持續攪打至出現明顯紋路，呈小彎勾的打發狀態。
● 最後再以慢速攪打約1分鐘，成為細緻滑順的蛋白霜。

蛋黃麵糊＋蛋白霜→參照p.16說明

7 取約1/3分量的蛋白霜，倒入做法5的青醬杏仁麵糊內，輕輕地拌勻，再刮入剩餘的蛋白霜內，從容器底部刮起攪勻，成為細緻的麵糊。

麵糊入模→參照p.17說明

8 用橡皮刮刀將麵糊刮入烤模內，並將麵糊表面輕輕地來回抹平。

烘烤→參照p.17說明

9 將烤模放入已預熱的烤箱中，以上、下火約180°C烤約20~25分鐘，再將上火降約10~20°C，續烤約10~15分鐘。

薑泥杏桃戚風蛋糕

甜美的杏桃加橙汁，以薑泥調味，有意想不到的效果。

❶ 杏桃乾（切碎）35克
❷ 蛋黃 100克、鹽 1/4小匙
❸ 香橙汁 75克、液體油 40克
❹ 低筋麵粉 100克、薑泥 1小匙
❺ 蛋白 210克、細砂糖 130克

直徑15公分中空圓模X2

1 材料❸的香橙汁及液體油秤在一起，準備隔水加熱。
2 低筋麵粉過篩。
3 烤箱設定上、下火約170°C，提前預熱。
● 烤箱預熱時機及預熱溫度，請看p.24的說明。

做法

製作蛋黃麵糊→參照p.12說明

1 材料❷的蛋黃加入鹽，用打蛋器攪打均勻備用。

2 材料❸隔水加熱（準備1），邊加熱邊攪動一下，加熱至約35°C，趁熱慢慢地倒入做法1的蛋黃糊內（邊倒邊攪）。

3 倒入已過篩的低筋麵粉，用打蛋器以不規則方向攪拌均勻。

4 接著加入薑泥，攪拌均勻，成為細緻的薑泥香橙麵糊。

製作蛋白霜→參照p.14說明

5 用電動攪拌機將蛋白攪打至粗泡狀後，分3次加入細砂糖，並持續攪打至出現明顯紋路，呈小彎勾的打發狀態。

- 最後再以慢速攪打約1分鐘，成為細緻滑順的蛋白霜。

蛋黃麵糊＋蛋白霜→參照p.16說明

6 取約1/3分量的蛋白霜，倒入做法4的薑泥香橙麵糊內，輕輕地拌勻，再刮入剩餘的蛋白霜內，從容器底部刮起攪勻，成為細緻的麵糊。

7 將切碎的杏桃乾倒入麵糊內，用橡皮刮刀輕輕地拌勻。

麵糊入模→參照p.17說明

8 用橡皮刮刀將麵糊刮入2個烤模內，並將麵糊表面輕輕地來回抹平。

- 麵糊入模時，最好秤重均分。

烘烤→參照p.17說明

9 將烤模放入已預熱的烤箱中，以上、下火約180°C烤約20~25分鐘，再將上火降約10~20°C，續烤約10~15分鐘。

蜂蜜杏仁戚風蛋糕

蜂蜜具上色效果，同時也讓蛋糕體的保濕性增強。

❶ 蛋黃 90克、鹽 1/8小匙
❷ 鮮奶 45克、蜂蜜 50克、液體油 40克
❸ 低筋麵粉 90克、杏仁粉 20克
❹ 蛋白 190克、細砂糖 95克
❺ 杏仁粒 50克

直徑20公分中空圓模X1

1 材料❷的鮮奶加蜂蜜攪勻，再與液體油秤在同一容器內，準備隔水加熱。
2 杏仁粉及杏仁粒分別用上、下火約150°C烤約10分鐘成金黃色，冷卻備用。

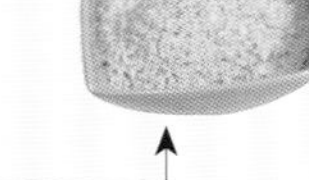

3 低筋麵粉過篩。
4 烤箱設定上、下火約170°C，提前預熱。

● 烤箱預熱時機及預熱溫度，請看p.24的說明。

做法

製作蛋黃麵糊→參照p.12說明

1 材料❶的蛋黃加入鹽，用打蛋器攪打均勻備用。

2 材料❷隔水加熱（準備1），邊加熱邊攪動一下，加熱至約35°C，趁熱慢慢地倒入做法1的蛋黃糊內（邊倒邊攪）。

3 倒入已過篩的低筋麵粉，用打蛋器以不規則方向攪拌均勻，成為細緻的蛋黃麵糊。

4 接著倒入杏仁粉，攪拌均勻，成為細緻的杏仁麵糊。

製作蛋白霜→參照p.14說明

5 用電動攪拌機將蛋白攪打至粗泡狀後，分3次加入細砂糖，並持續攪打至出現明顯紋路，呈小彎勾的打發狀態。

- 最後再以慢速攪打約1分鐘，成為細緻滑順的蛋白霜。

蛋黃麵糊＋蛋白霜→參照p.16說明

6 取約1/3分量的蛋白霜，倒入做法4的杏仁麵糊內，輕輕地拌勻，再刮入剩餘的蛋白霜內，從容器底部刮起攪勻，成為細緻的麵糊。

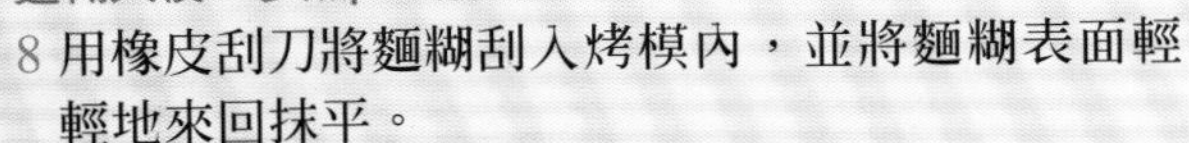

7 接著倒入杏仁粒，輕輕地攪拌均勻。

麵糊入模→參照p.17說明

8 用橡皮刮刀將麵糊刮入烤模內，並將麵糊表面輕輕地來回抹平。

烘烤→參照p.17說明

9 將烤模放入已預熱的烤箱中，以上、下火約180°C烤約20~25分鐘，再將上火降約10~20°C，續烤約10~15分鐘。

紅糖戚風蛋糕

以紅糖水當作麵糊的水分來源，變化蛋糕體的色澤，口感也特別柔潤。

❶ 紅糖 60克（過篩後）、清水 70克、液體油 40克
❷ 蛋黃 100克、鹽 1/8小匙
❸ 低筋麵粉 90克
❹ 蛋白 190克、細砂糖 90克

1 材料❶的紅糖及清水秤在同一容器內，準備加熱。
2 低筋麵粉過篩。
3 烤箱設定上、下火約170°C，提前預熱。

● 烤箱預熱時機及預熱溫度，請看p.24的說明。

直徑20公分中空圓模X1

做法

1 紅糖加清水用小火加熱，煮沸後續煮約1分鐘即熄火。

● 加熱時，必須適時地攪動一下。

製作蛋黃麵糊→參照p.12說明

2 材料❷的蛋黃加入鹽，用打蛋器攪打均勻備用。

3 取做法1的紅糖水70克加入液體油隔水加熱，邊加熱邊攪動一下，加熱至約35°C，趁熱慢慢地倒入做法2的蛋黃糊內（邊倒邊攪）。

4 倒入已過篩的低筋麵粉，用打蛋器以不規則方向攪拌均勻，成為細緻的紅糖麵糊。

製作蛋白霜→參照p.14說明

5 用電動攪拌機將蛋白攪打至粗泡狀後，分3次加入細砂糖，並持續攪打至出現明顯紋路，呈小彎勾的打發狀態。

● 最後再以慢速攪打約1分鐘，成為細緻滑順的蛋白霜。

蛋黃麵糊＋蛋白霜→參照p.16說明

6 取約1/3分量的蛋白霜，倒入做法4的紅糖麵糊內，輕輕地拌勻，再刮入剩餘的蛋白霜內，從容器底部刮起攪勻，成為細緻的麵糊。

麵糊入模→參照p.17說明

7 用橡皮刮刀將麵糊刮入烤模內，並將麵糊表面輕輕地來回抹平。

烘烤→參照p.17說明

8 將烤模放入已預熱的烤箱中，以上、下火約180°C烤約20~25分鐘，再將上火降約10~20°C，續烤約10~15分鐘。

燕麥胚芽戚風蛋糕

燕麥加胚芽，討好的養生食材，香氣十足。

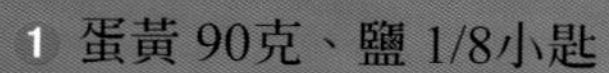

材料

1 蛋黃 90克、鹽 1/8小匙
2 鮮奶 55克、液體油 40克
3 即食燕麥片 15克、冷開水 25克
4 低筋麵粉 90克、小麥胚芽 15克
5 蛋白 190克、細砂糖 110克

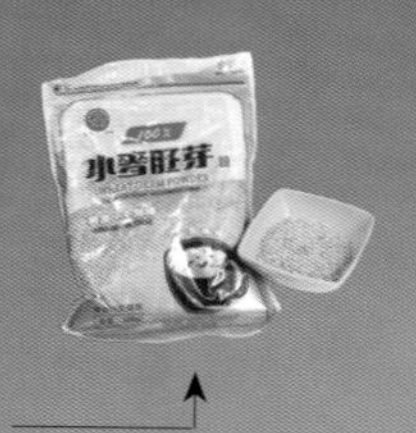

直徑20公分中空圓模X1

準備

1 材料 2 的鮮奶及液體油秤在同一容器內，準備隔水加熱。
2 低筋麵粉過篩。
3 烤箱設定上、下火約170°C，提前預熱。

● 烤箱預熱時機及預熱溫度，請看p.24的說明。

做法

製作蛋黃麵糊→參照p.12說明

1 材料❶的蛋黃加入鹽，用打蛋器攪打均勻備用。

2 材料❷隔水加熱（準備1），邊加熱邊攪動一下，加熱至約35°C，趁熱慢慢倒入做法1的蛋黃糊內（邊倒邊攪）。

3 即食燕麥片加冷開水調勻後（不須靜置軟化），接著倒入做法2的蛋黃糊內。

4 倒入已過篩的低筋麵粉，用打蛋器以不規則方向攪拌均勻，成為細緻的麵糊。

5 接著倒入小麥胚芽，攪拌成均勻的燕麥胚芽麵糊。

製作蛋白霜→參照p.14說明

6 用電動攪拌機將蛋白攪打至粗泡狀後，分3次加入細砂糖，並持續攪打至出現明顯紋路，呈小彎勾的打發狀態。

● 最後再以慢速攪打約1分鐘，成為細緻滑順的蛋白霜。

蛋黃麵糊＋蛋白霜→參照p.16說明

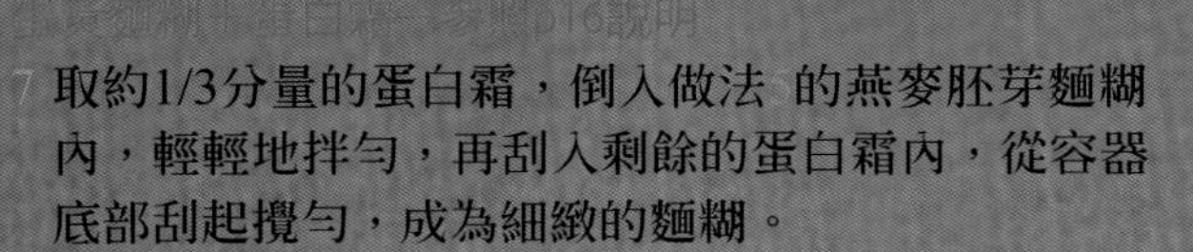

7 取約1/3分量的蛋白霜，倒入做法5的燕麥胚芽麵糊內，輕輕地拌勻，再刮入剩餘的蛋白霜內，從容器底部刮起攪勻，成為細緻的麵糊。

麵糊入模→參照p.17說明

8 用橡皮刮刀將麵糊刮入烤模內，並將麵糊表面輕輕地來回抹平。

烘烤→參照p.17說明

9 將烤模放入已預熱的烤箱中，以上、下火約180°C烤約20~25分鐘，再將上火降約10~20°C，續烤約10~15分鐘。

培根黑胡椒戚風蛋糕

煸炒過的培根加香甜的洋蔥，鹹香微甜好滋味。

❶ 培根 2片（約45克）、洋蔥 50克、
黑胡椒粉 1/2小匙＋1/4小匙、鹽 1/8小匙
❷ 蛋黃 95克、鹽 1/8小匙
❸ 鮮奶 60克、液體油 25克
❹ 低筋麵粉 90克
❺ 蛋白 190克、細砂糖 100克

直徑20公分中空圓模X1

1 材料❶的培根切成長約1公分的細條狀、洋蔥切成細末、黑胡椒粉及鹽放在一起備用。
2 材料❸的鮮奶及液體油秤在同一容器內，準備隔水加熱。
3 低筋麵粉過篩。
4 烤箱設定上、下火約170°C，提前預熱。

● 烤箱預熱時機及預熱溫度，請看p.24的說明。

做法

1 炒鍋加熱後（鍋內不用放油），用小火將培根炒香、炒乾，接著倒入洋蔥，炒軟後即熄火。

2 盛出培根洋蔥，再加入黑胡椒粉及鹽攪勻備用。

製作蛋黃麵糊→參照p.12說明

3 材料❷的蛋黃加入鹽，用打蛋器攪打均勻備用。

4 材料❸隔水加熱（準備2），邊加熱邊攪動一下，加熱至約35°C，趁熱慢慢倒入做法3的蛋黃糊內（邊倒邊攪）。

5 倒入已過篩的低筋麵粉，用打蛋器以不規則方向攪拌均勻，成為細緻的蛋黃麵糊。

6 再將做法2的材料倒入做法5的麵糊內，攪拌均勻。

製作蛋白霜→參照p.14說明

7 用電動攪拌機將蛋白攪打至粗泡狀後，分3次加入細砂糖，並持續攪打至出現明顯紋路，呈小彎勾的打發狀態。

- 最後再以慢速攪打約1分鐘，成為細緻滑順的蛋白霜。

蛋黃麵糊＋蛋白霜→參照p.16說明

8 取約1/3分量的蛋白霜，倒入做法6的麵糊內，輕輕地拌勻，再刮入剩餘的蛋白霜內，從容器底部刮起攪勻，成為細緻的麵糊。

麵糊入模→參照p.17說明

9 用橡皮刮刀將麵糊刮入烤模內，並將麵糊表面輕輕地來回抹平。

烘烤→參照p17說明

10 將烤模放入已預熱的烤箱中，以上、下火約180°C烤約20~25分鐘，再將上火降約10~20°C，續烤約10~15分鐘。

玉米戚風蛋糕

玉米入蛋糕，無意間蹦出的清甜，很討好。

❶ 蛋黃 90克、鹽 1/8小匙
❷ 罐頭玉米醬 80克、冷開水 45克、無鹽奶油 40克
❸ 低筋麵粉 95克
❹ 蛋白 190克、細砂糖 100克
❺ 罐頭玉米粒 35克

1 材料❷的玉米醬加冷開水攪勻，準備隔水加熱。
2 無鹽奶油秤好放在室溫下軟化，低筋麵粉過篩。
3 烤箱設定上、下火約170°C，提前預熱。
● 烤箱預熱時機及預熱溫度，請看p.24的說明。

直徑20公分中空圓模X1

做法

製作蛋黃麵糊→參照p.12說明

1 材料❶的蛋黃加入鹽，用打蛋器攪打均勻備用。

2 材料❷的玉米醬加冷開水隔水加熱，接著加入無鹽奶油，邊加熱邊攪動一下，加熱至約35°C。

3 做法2的液體趁熱慢慢地倒入做法1的蛋黃糊內（邊倒邊攪）。

4 倒入已過篩的低筋麵粉，用打蛋器以不規則方向攪拌均勻，成為細緻的玉米醬麵糊。

製作蛋白霜→參照p.14說明

5 用電動攪拌機將蛋白攪打至粗泡狀後，分3次加入細砂糖，並持續攪打至出現明顯紋路，呈小彎勾的打發狀態。

- 最後再以慢速攪打約1分鐘，成為細緻滑順的蛋白霜。

蛋黃麵糊＋蛋白霜→參照p. 16說明

6 取約1/3分量的蛋白霜，倒入做法4的玉米醬麵糊內，輕輕地拌勻，再刮入剩餘的蛋白霜內，從容器底部刮起攪勻，成為細緻的麵糊。

7 接著倒入玉米粒，輕輕地攪勻。

- 事先將玉米粒用紙巾儘量擦乾。

麵糊入模→參照p. 17說明

8 用橡皮刮刀將麵糊刮入烤模內，並將麵糊表面輕輕地來回抹平。

烘烤→參照p.17說明

9 將烤模放入已預熱的烤箱中，以上、下火約180°C烤約20~25分鐘，再將上火降約10~20°C，續烤約10~15分鐘。

花生醬戚風蛋糕

選用帶顆粒的花生醬製作，似有若無的脆感，增添品嚐風味。

材料

❶ 蛋黃 90克、鹽 1/8小匙
❷ 鮮奶 90克、顆粒花生醬 70克、液體油 20克
❸ 低筋麵粉 90克
❹ 蛋白 190克、細砂糖 100克

準備

1 材料❷的鮮奶加顆粒花生醬先攪勻，再與液體油秤在同一容器內，準備隔水加熱。
2 低筋麵粉過篩。
3 烤箱設定上、下火約170°C，提前預熱。

● 烤箱預熱時機及預熱溫度，請看p.24的說明。

直徑20公分中空圓模X1

做法

製作蛋黃麵糊→參照p.12說明

1 材料❶的蛋黃加入鹽，用打蛋器攪打均勻備用。

2 材料❷隔水加熱（準備1），邊加熱邊攪動一下，加熱至約35°C。

3 做法2的液體趁熱慢慢地倒入做法1的蛋黃糊內（邊倒邊攪）。

4 倒入已過篩的低筋麵粉，用打蛋器以不規則方向攪拌均勻，成為細緻的花生醬麵糊。

製作蛋白霜→參照p.14說明

5 用電動攪拌機將蛋白攪打至粗泡狀後，分3次加入細砂糖，並持續攪打至出現明顯紋路，呈小彎勾的打發狀態。

- 最後再以慢速攪打約1分鐘，成為細緻滑順的蛋白霜。

蛋黃麵糊＋蛋白霜→參照p.16說明

6 取約1/3分量的蛋白霜，倒入做法4的花生醬麵糊內，輕輕地拌勻，再刮入剩餘的蛋白霜內，從容器底部刮起攪勻，成為細緻的麵糊。

麵糊入模→參照p.17說明

7 用橡皮刮刀將麵糊刮入烤模內，並將麵糊表面輕輕地來回抹平。

烘烤→參照p.17說明

8 將烤模放入已預熱的烤箱中，以上、下火約180°C烤約20~25分鐘，再將上火降約10~20°C，續烤約10~15分鐘。

酪梨戚風蛋糕

滋味淡雅的酪梨，以香橙酒提味，增添蛋糕體的可口度。

❶ 酪梨 80克（去皮後）、香橙酒 10克
❷ 蛋黃 90克、鹽 1/8小匙
❸ 鮮奶 30克、液體油 40克
❹ 低筋麵粉 90克
❺ 蛋白 190克、細砂糖 100克

抹面→
動物性鮮奶油 200克、細砂糖 15克
裝飾→酪梨果肉 少許

1 材料❸的鮮奶及液體油秤在同一容器內，準備隔水加熱。
2 低筋麵粉過篩。
3 烤箱設定上、下火約170°C，提前預熱。

● 烤箱預熱時機及預熱溫度，請看p.24的說明。

直徑20公分中空圓模X1

做法

1 熟透的酪梨切小塊，用細篩網壓成泥狀，淨重約75克。
- 篩完後，注意篩網內外殘留的酪梨泥都要刮乾淨。

2 酪梨泥加入香橙酒攪勻備用。

製作蛋黃麵糊→參照p.12說明

3 材料❷的蛋黃加入鹽，用打蛋器攪打均勻備用。

4 材料❸隔水加熱（準備1），邊加熱邊攪動一下，加熱至約35°C，趁熱慢慢地倒入做法3的蛋黃糊內（邊倒邊攪）。

5 接著倒入酪梨泥（含香橙酒），攪拌均勻。

6 倒入已過篩的低筋麵粉，用打蛋器以不規則方向攪拌均勻，成為細緻的酪梨麵糊。

製作蛋白霜→參照p.14說明

7 用電動攪拌機將蛋白攪打至粗泡狀後，分3次加入細砂糖，並持續攪打至出現明顯紋路，呈小彎勾的打發狀態。
- 最後再以慢速攪打約1分鐘，成為細緻滑順的蛋白霜。

蛋黃麵糊＋蛋白霜→參照p.16說明

8 取約1/3分量的蛋白霜，加入做法6的酪梨麵糊內，輕輕地拌合均勻，再刮入剩餘的蛋白霜內，輕輕地從容器底部刮起攪勻，成為細緻的麵糊。

麵糊入模→參照p.17說明

9 用橡皮刮刀將麵糊刮入烤模內，並將麵糊表面輕輕地來回抹平。

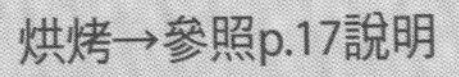

烘烤→參照p.17說明

10 將烤模放入已預熱的烤箱中，以上、下火約180°C烤約20~25分鐘，再將上火降約10~20°C，續烤約10~15分鐘。

抹面

11 將動物性鮮奶油加細砂糖打發後，抹在蛋糕表面，最後撒些酪梨丁裝飾。
- 也可省略抹鮮奶油。

煉奶養樂多戚風蛋糕

以不同的乳製品製作戚風蛋糕，感受食材變換的樂趣。

❶ 蛋黃 100克、鹽 1/8小匙
❷ 煉奶 50克、養樂多（市售的乳酸飲料）40克、液體油 40克
❸ 低筋麵粉 90克
❹ 蛋白 200克、細砂糖 100克

1 低筋麵粉過篩。
2 烤箱設定上、下火約170°C，提前預熱。
● 烤箱預熱時機及預熱溫度，請看p.24的說明。

直徑20公分中空圓模X1

1 煉奶及養樂多一起攪勻備用。

製作蛋黃麵糊→參照p.12說明

2 材料❶的蛋黃加入鹽，用打蛋器攪打均勻備用。

3 材料❷的液體油隔水加熱，加熱至約35°C，趁熱慢慢地倒入做法2的蛋黃糊內（邊倒邊攪）。

4 將做法1的煉奶及養樂多慢慢地倒入做法3的蛋黃糊內（邊倒邊攪）。
● 沾黏在容器上的煉奶必須盡量刮乾淨，以免損耗過多。

5 倒入已過篩的低筋麵粉，用打蛋器以不規則方向攪拌均勻，成為細緻的煉奶麵糊。

製作蛋白霜→參照p.14說明

6 用電動攪拌機將蛋白攪打至粗泡狀後，分3次加入細砂糖，並持續攪打至出現明顯紋路，呈小彎勾的打發狀態。
● 最後再以慢速攪打約1分鐘，成為細緻滑順的蛋白霜。

蛋黃麵糊＋蛋白霜→參照p.16說明

7 取約1/3分量的蛋白霜，加入做法5的煉奶麵糊內，輕輕地拌合均勻，再刮入剩餘的蛋白霜內，從容器底部刮起攪勻，成為細緻的麵糊。

麵糊入模→參照p.17說明

8 用橡皮刮刀將麵糊刮入烤模內，並將麵糊表面輕輕地來回抹平。

烘烤→參照p.17說明

9 將烤模放入已預熱的烤箱中，以上、下火約180°C烤約20~25分鐘，再將上火降約10~20°C，續烤約10~15分鐘。

豆腐戚風蛋糕

淡淡的豆香融合於蛋糕體內，冰鎮過後更加美味。

❶ 豆腐 165克
❷ 蛋黃 90克、鹽 1/8小匙
❸ 液體油 40克
❹ 低筋麵粉 90克、無糖豆漿 15克
❺ 蛋白 200克、細砂糖 110克

1 低筋麵粉過篩。
2 烤箱設定上、下火約170°C，提前預熱。
● 烤箱預熱時機及預熱溫度，請看p.24的說明。

直徑20公分中空圓模X1

做法

1 用細篩網將豆腐壓成泥狀備用。
- 要選用傳統的板豆腐製作，豆香味十足，風味佳。

製作蛋黃麵糊→參照p.12說明

2 材料❷的蛋黃加入鹽，用打蛋器攪打均勻備用。

3 材料❸的液體油隔水加熱，加熱至約35°C，趁熱慢慢地倒入做法2的蛋黃糊內（邊倒邊攪）。

4 將豆腐泥倒入做法3的蛋黃糊內攪勻。

5 倒入已過篩的低筋麵粉，接著倒入豆漿，用打蛋器以不規則方向攪拌均勻。

6 拌勻後的豆腐麵糊，是不會流動的濃稠質地。
- 豆腐含水量較多，為高溫烘烤下的穩定性，刻意使麵糊濃稠些。

製作蛋白霜→參照p.14說明

7 用電動攪拌機將蛋白攪打至粗泡狀後，分3次加入細砂糖，並持續攪打至出現明顯紋路，呈小彎勾的打發狀態。
- 最後再以慢速攪打約1分鐘，成為細緻滑順的蛋白霜。

蛋黃麵糊＋蛋白霜→參照p.16說明

8 取約1/3分量的蛋白霜，加入做法6的豆腐麵糊內，輕輕地拌勻，再刮入剩餘的蛋白霜內，從容器底部刮起攪勻，成為細緻的麵糊。

麵糊入模→參照p.17說明

9 用橡皮刮刀將麵糊刮入烤模內，並將麵糊表面輕輕地來回抹平。

烘烤→參照p.17說明

10 將烤模放入已預熱的烤箱中，以上、下火約180°C烤約20~25分鐘，再將上火降約10~20°C，續烤約10~15分鐘。

南瓜戚風蛋糕

鮮黃的南瓜融於麵糊中，色澤與口感的柔軟度，都有加分。

❶ 南瓜 100克（去皮後）、香橙酒 10克
❷ 蛋黃 90克、鹽 1/8小匙
❸ 鮮奶 65克、液體油 40克
❹ 低筋麵粉 90克、杏仁粉 20克
❺ 蛋白 190克、細砂糖 100克

直徑20公分中空圓模X1

準備

1. 南瓜切成小丁狀，分成兩等分備用。
2. 杏仁粉用上、下火約150°C烤約10分鐘成金黃色，冷卻備用。
3. 材料❸的鮮奶及液體油秤在同一容器內，準備隔水加熱。
4. 低筋麵粉過篩。
5. 烤箱設定上、下火約170°C，提前預熱。

● 烤箱預熱時機及預熱溫度，請看p.24的說明。

做法

1 南瓜切成丁狀後蒸軟，將一分的南瓜用叉子壓成泥狀，加香橙酒調勻，另一份南瓜丁備用。

製作蛋黃麵糊→參照p.12說明

2 材料❷的蛋黃加入鹽，用打蛋器攪打均勻備用。

3 材料❸隔水加熱（準備3），邊加熱邊攪動一下，加熱至約35°C，趁熱慢慢地倒入做法2的蛋黃糊內（邊倒邊攪）。

4 接著倒入做法1的南瓜泥及烤過的杏仁粉，攪拌均勻。

5 倒入已過篩的低筋麵粉，用打蛋器以不規則方向攪拌均勻，成為細緻的南瓜麵糊。

製作蛋白霜→參照p.14說明

6 用電動攪拌機將蛋白攪打至粗泡狀後，分3次加入細砂糖，並持續攪打至出現明顯紋路，呈小彎勾的打發狀態。

● 最後再以慢速攪打約1分鐘，成為細緻滑順的蛋白霜。

蛋黃麵糊＋蛋白霜→參照p.16說明

7 取約1/3分量的蛋白霜，倒入做法5的南瓜麵糊內，用打蛋器（或橡皮刮刀）輕輕地拌勻，再刮入剩餘的蛋白霜內，從容器底部刮起攪勻，成為細緻的麵糊。

8 將做法1的南瓜丁加1小匙的低筋麵粉（材料外）攪勻，再倒入做法7的麵糊內，輕輕地拌合。

● 濕黏的南瓜丁裹上少許麵粉，可防止在麵糊內快速沉澱；也可省略麵糊內加南瓜丁的動作。

麵糊入模→參照p.17說明

9 用橡皮刮刀將麵糊刮入烤模內，並將麵糊表面輕輕地來回抹平。

烘烤→參照p.17說明

10 將烤模放入已預熱的烤箱中，以上、下火約180°C烤約20~25分鐘，再將上火降約10~20°C，續烤約10~15分鐘。

斑蘭戚風蛋糕

淡雅的香氣及天然的淺綠色，絕非香精、色素可比擬的味道。

❶ 斑蘭汁 75克（請看做法1）
❷ 蛋黃 80克、鹽 1/8小匙
❸ 液體油 40克
❹ 低筋麵粉 90克
❺ 蛋白 190克、細砂糖 100克

準備

1 低筋麵粉過篩。
2 烤箱設定上、下火約170°C，提前預熱。
● 烤箱預熱時機及預熱溫度，請看p.24的說明。

直徑20公分中空圓模X1

做法

1 斑蘭汁製作：斑蘭葉（約50克）洗淨剪成小段，加清水（約100克），用均質機（或料理機）攪碎，擠乾碎渣後，取出汁液75克備用。

製作蛋黃麵糊→參照p.12說明

2 材料❷的蛋黃加入鹽，用打蛋器攪打均勻備用。

3 材料❸的液體油隔水加熱，加熱至約35°C，趁熱慢慢地倒入做法2的蛋黃糊內（邊倒邊攪）。

4 倒入已過篩的低筋麵粉約1/2的分量，接著倒入斑蘭汁約1/2的分量，攪拌均勻。

5 再倒入剩餘的麵粉及斑蘭汁，用打蛋器以不規則方向攪成均勻細緻的斑蘭麵糊。

- 斑蘭汁的分量較多，避免一次倒入蛋黃內，不易與麵粉攪勻，因此與麵粉交錯拌入；另外注意：斑蘭汁萃取的濃稠差異，會影響麵糊稠度，如果質地過稀，可適時地添加10克麵粉。

製作蛋白霜→參照p.14說明

6 用電動攪拌機將蛋白攪打至粗泡狀後，分3次加入細砂糖，並持續攪打至出現明顯紋路，呈小彎勾的打發狀態。

- 最後再以慢速攪打約1分鐘，成為細緻滑順的蛋白霜。

蛋黃麵糊＋蛋白霜→參照p.16說明

7 取約1/3分量的蛋白霜，倒入做法5的斑蘭麵糊內，輕輕地拌勻，再刮入剩餘的蛋白霜內，從容器底部刮起攪勻，成為細緻的麵糊。

麵糊入模→參照p.17說明

8 用橡皮刮刀將麵糊刮入烤模內，並將麵糊表面輕輕地來回抹平。

烘烤→參照p.17說明

9 將烤模放入已預熱的烤箱中，以上、下火約180°C烤約20~25分鐘，再將上火降約10~20°C，續烤約10~15分鐘。

核桃末戚風蛋糕

搗碎後的核桃，香味特別濃郁，而蛋白霜中的紅糖，也具增色效果。

❶ 核桃 35克
❷ 蛋黃 90克、鹽 1/8小匙
❸ 鮮奶 70克、液體油 35克
❹ 低筋麵粉 90克
❺ 蛋白 190克、紅糖 30克（過篩後）、細砂糖 70克

直徑20公分中空圓模X1

準備

1 核桃先用上、下火約150°C烤約10~15分鐘，烤熟備用。
2 材料❸的鮮奶及液體油秤在同一容器內，準備隔水加熱。
3 材料❺的紅糖及細砂糖秤在同一容器內，攪勻備用。

4 低筋麵粉過篩。
5 烤箱設定上、下火約170°C，提前預熱。
● 烤箱預熱時機及預熱溫度，請看p.24的說明。

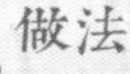
做法

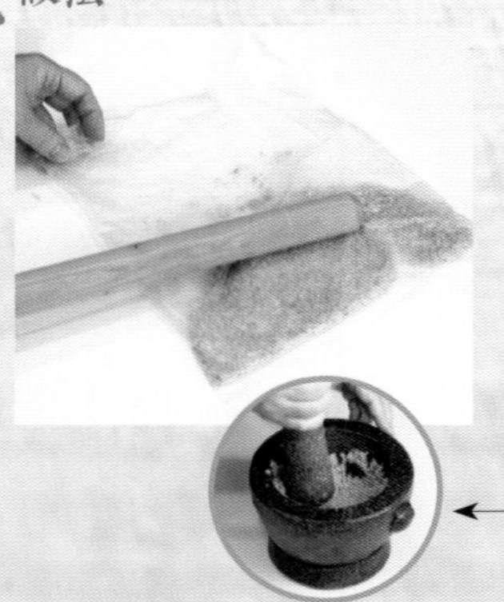

1 烤熟的核桃裝入塑膠袋內，用擀麵棍輕輕地敲碎（如芝麻大小的顆粒狀）。
● 也可用石臼輕輕地搗碎，但無論用何種方式，都不可用力，以免核桃的油脂滲出濕黏，而影響製作。

製作蛋黃麵糊→參照p.12說明
2 材料❷的蛋黃加入鹽，用打蛋器攪打均勻備用。

3 材料❸隔水加熱（準備2），邊加熱邊攪動一下，加熱至約35°C，趁熱慢慢地倒入做法2的蛋黃糊內（邊倒邊攪）。

4 接著倒入核桃末，攪拌均勻後，倒入已過篩的低筋麵粉，用打蛋器以不規則方向攪拌均勻，成為細緻的核桃麵糊。

製作蛋白霜→參照p.14說明
5 用電動攪拌機將蛋白攪打至粗泡狀後，分3次加入細砂糖（與紅糖混和），並持續攪打至出現明顯紋路，呈彎勾的打發狀態。

● 利用桌上型攪拌機，蛋白霜呈大彎勾即可。部分的細砂糖以紅糖取代，為增色提味效果。

蛋黃麵糊＋蛋白霜→參照p.16說明

6 取約1/3分量的蛋白霜，倒入做法4的核桃麵糊內，輕輕地拌勻，再刮入剩餘的蛋白霜內，從容器底部刮起攪勻，成為細緻的麵糊。

● 蛋黃麵糊與1/2分量的蛋白霜拌勻後，其色澤與剩餘的紅糖蛋白霜相近，要注意確實攪勻。

麵糊入模→參照p.17說明

7 用橡皮刮刀將麵糊刮入烤模內，並將麵糊表面輕輕地來回抹平。

烘烤→參照p.17說明

8 將烤模放入已預熱的烤箱中，以上、下火約180°C烤約20~25分鐘，再將上火降約10~20°C，續烤約10~15分鐘。

黃豆粉戚風蛋糕

淡淡的豆香散發口中，值得一試的「加味」蛋糕。

❶ 蛋黃 90克、鹽 1/8小匙
❷ 鮮奶 90克、液體油 45克
❸ 低筋麵粉 90克、黃豆粉 30克
❹ 蛋白 190克、細砂糖 115克
❺ 熟的白芝麻粒 25克

準備

1 材料❷的鮮奶及液體油秤在同一容器內，準備隔水加熱。
2 低筋麵粉過篩。
3 烤箱設定上、下火約170°C，提前預熱。
● 烤箱預熱時機及預熱溫度，請看p.24的說明。

直徑20公分中空圓模X1

做法

製作蛋黃麵糊→參照p.12說明

1 材料❶的蛋黃加入鹽，用打蛋器攪打均勻備用。

2 材料❷隔水加熱（準備1），邊加熱邊攪動一下，加熱至約35°C，趁熱慢慢地倒入做法1的蛋黃糊內（邊倒邊攪）。

3 倒入已過篩的低筋麵粉，用打蛋器以不規則方向攪拌均勻，成為細緻的蛋黃麵糊。

4 接著倒入黃豆粉，攪成均勻的黃豆粉麵糊。

製作蛋白霜→參照p.14說明

5 用電動攪拌機將蛋白攪打至粗泡狀後，分3次加入細砂糖，並持續攪打至出現明顯紋路，呈小彎勾的打發狀態。

● 最後再以慢速攪打約1分鐘，成為細緻滑順的蛋白霜。

蛋黃麵糊＋蛋白霜→參照p.16說明

6 取約1/3分量的蛋白霜，倒入做法4的黃豆粉麵糊內，輕輕地拌勻。

7 接著倒入熟的白芝麻粒，用橡皮刮刀輕輕地稍微攪一下。

8 再刮入剩餘的蛋白霜內，從容器底部刮起攪勻，成為細緻的麵糊。

麵糊入模→參照p.17說明

9 用橡皮刮刀將麵糊刮入烤模內，並將麵糊表面輕輕地來回抹平。

烘烤→參照p.17說明

10 將烤模放入已預熱的烤箱中，以上、下火約180°C烤約20~25分鐘，再將上火降約10~20°C，續烤約10~15分鐘。

草莓戚風蛋糕

嬌豔欲滴的新鮮草莓，肯定是糕點世界的要角，
即便是打成泥狀入蛋糕，已無任何姿色，然而甜美風味依舊存在。

❶ 新鮮草莓 100克（去蒂頭後）、冷開水 20克、香橙酒 10克
❷ 液體油 40克
❸ 蛋黃 90克、鹽 1/8小匙
❹ 低筋麵粉 90克
❺ 蛋白 190克、細砂糖 95克

抹面→
動物性鮮奶油 200克、細砂糖 15克
裝飾→新鮮草莓 15顆

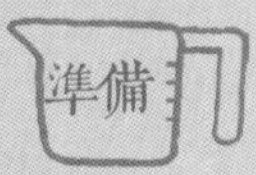

1 新鮮草莓洗乾淨後，用廚房紙巾擦乾備用。→
2 低筋麵粉過篩。
3 烤箱設定上、下火約170C°，提前預熱。
● 烤箱預熱時機及預熱溫度，請看p.24的說明。

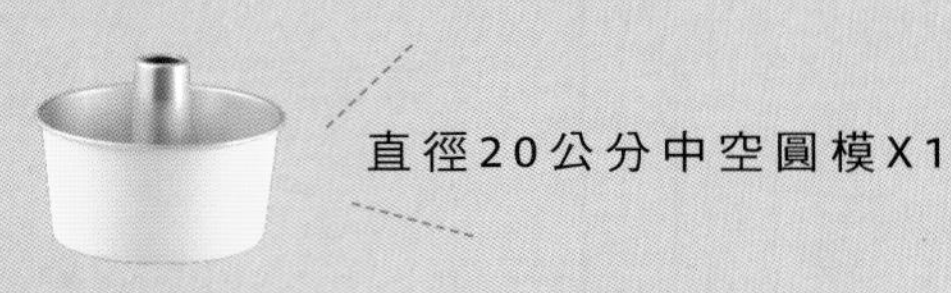

做法

1 草莓切小塊加入冷開水及香橙酒，用均質機（或料理機）打成泥狀備用。

製作蛋黃麵糊→參照p.12說明

2 材料❸的蛋黃加入鹽，用打蛋器攪打均勻備用。

3 做法1的草莓泥加液體油先攪勻再隔水加熱（約35°C），趁熱將草莓泥（含液體油）約1/3的分量慢慢地倒入做法2的蛋黃糊內（邊倒邊攪）。

● 草莓泥加入液體油時，會呈現坨狀，只要用小湯匙不停地轉圈攪動，就會混勻。

4 接著倒入已過篩的低筋麵粉約1/3的分量，用打蛋器以不規則方向攪勻，繼續再分2次分別倒入草莓泥（含液體油）及麵粉，攪成均勻的草莓麵糊。

● 草莓泥與麵粉分三次交錯倒入蛋黃糊內，較易攪勻乳化。

製作蛋白霜→參照p.14說明

5 用電動攪拌機將蛋白攪打至粗泡狀後，分3次加入細砂糖，並持續攪打至出現明顯紋路，呈小彎勾的打發狀態。

● 最後再以慢速攪打約1分鐘，成為細緻滑順的蛋白霜。

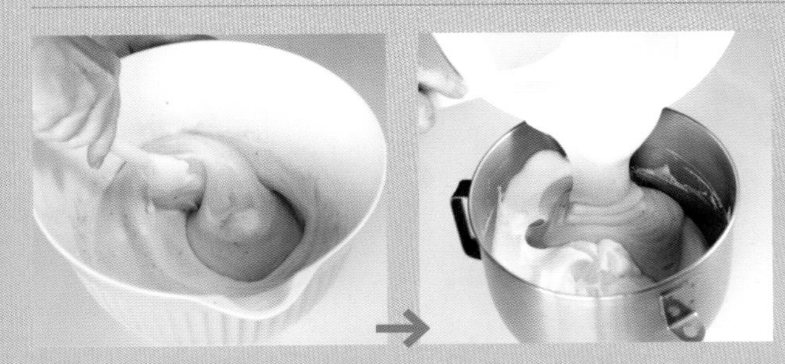

蛋黃麵糊＋蛋白霜→參照p.16說明

6 取約1/3分量的蛋白霜，倒入做法4的草莓麵糊內，輕輕地拌勻，再刮入剩餘的蛋白霜內，從容器底部刮起攪勻，成為細緻的麵糊。

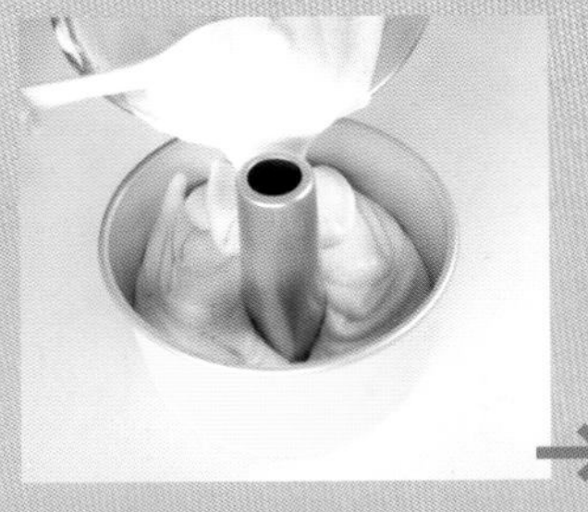

麵糊入模→參照p.17說明

7 用橡皮刮刀將麵糊刮入烤模內，並將麵糊表面輕輕地來回抹平。

烘烤→參照p.17說明

8 將烤模放入已預熱的烤箱中，以上、下火約180°C烤約20~25分鐘，再將上火降約10~20°C，續烤約10~15分鐘。

● 濕度高的麵糊，要確實烤透，以免影響成品外型。

抹面

9 用動物性鮮奶油加細砂糖打發後，抹在蛋糕表面，再放新鮮草莓裝飾。

● 也可省略抹鮮奶油。

燙麵法＋水浴法
的戚風蛋糕

所謂「燙麵」戚風蛋糕，顧名思義，就是麵粉被燙熟後，所製成的戚風蛋糕；而燙麵的意義，就是麵粉與熱油（或水分）混合，而達到「糊化」效果；與一般的戚風蛋糕相較，兩者除了製程有些差異外，其熟製方式與口感也大不相同。糊化後的麵粉，吸水性相對增高，筋性減弱後，蛋糕質地更加細緻濕潤。

製作流程

製作燙麵戚風蛋糕，重點在於麵粉糊化的動作，其他的製程與一般戚風蛋糕幾乎相同，甚至蛋白霜的打發程度也一樣；而最後的熟製方式，除了「直接乾烤」外，也可利用「半蒸半烤」方式完成，成品最大特色，除了表面上色外，邊緣及底部仍是「原色」。

step 1 準備工作

確認烤模種類大小、烤模包鋁箔紙、麵粉過篩、烤箱預熱

step 2 製作燙麵糊

麵粉糊化、加液體材料

step 3 製作蛋白霜

注意打發狀態

step 4 燙麵糊＋蛋白霜

混合均勻

step 5 麵糊入模

盡快

step 6 隔水蒸烤

多觀察

step 7 蛋糕出爐

不用倒扣

step 8 脫模

降溫數分鐘後

step 1

準備工作

● 確認烤模種類大小、烤模包鋁箔紙、麵粉過篩、烤箱預熱

◎ 低筋麵粉秤好後，用細篩網過篩。

◎ 烤箱提前預熱（參照p.24「烤箱預熱」的說明）。

◎ 烤模邊緣抹油，烤模用鋁箔紙包好備用。

烤模邊緣抹油

隔水蒸烤的生麵糊，在烘烤中，受濕氣影響，不會緊黏著烤模焦化上色，與直接乾烤截然不同；因此隔水蒸烤的製品所用的烤模可抹油，成品脫模後，邊緣即呈現光滑狀；如省略抹油動作，當蛋糕體與烤模分離後，也可輕鬆地取出，但是蛋糕邊緣的質地較不平滑。

烤模包鋁箔紙

燙麵戚風蛋糕也是以底部活動式的烤模來製作，因此在隔水蒸烤時，必須用2張鋁箔紙將烤模底部包妥，以免在烘烤中，熱水會從烤模的縫隙中滲入麵糊內，而浸濕蛋糕體。

step 2

製作燙麵糊

● 注意麵粉糊化

1 液體油入鍋，開小火加熱，油紋出現時即熄火，油溫約85°C左右。

● 加熱時，戴著隔熱手套提起鍋具輕輕地搖晃，使油溫均勻。

2 快速倒入麵粉，用打蛋器攪勻。

● 麵粉倒入熱油中，會瞬間發出類似油炸的聲音。

3 持續用打蛋器不停地攪拌，直到降溫（微溫）且具光澤狀。

4 **麵粉+熱油：**剛攪拌時，是較稠的糰狀，持續攪拌後，質地會變稀。

5 將材料中的鮮奶一次倒入做法4的麵糊內，輕輕地攪成光滑細緻的麵糊。

● 攪勻即可，勿過度用力攪拌，以免拌入過多空氣。

6 接著一次倒入蛋黃，輕輕地攪到光澤狀。

7 蛋黃倒入麵糊內，攪勻後成為光滑又具流性的麵糊。

step 3

製作蛋白霜

● 注意打發狀態

8 依p.14做法6-12將蛋白霜製作完成。

● 蛋白霜的打發程度如一般戚風蛋糕的製作方式。

step 4

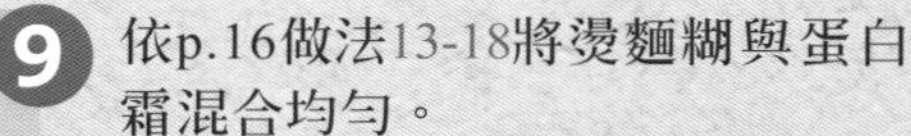

燙麵糊＋蛋白霜

● 混合均勻

9 依p.16做法13-18將燙麵糊與蛋白霜混合均勻。

● 混合方式如一般戚風蛋糕的製作方式。

10 攪拌均勻的麵糊，呈質地細緻的乳霜狀。

step 5

麵糊入模

● 盡快

⑪ 用橡皮刮刀將麵糊刮入烤模內，並將麵糊表面輕輕地抹平。

step 6

隔水蒸烤

● 多觀察

⑫

將烤模放入已預熱的烤箱中，在烤盤上注入冷水，以上火約180°C、下火約150°C蒸烤約10~15分鐘，表皮輕微上色後，再將上火降約10~20°C，續烤約45~50分鐘，關火後，續燜約5分鐘後再取出蛋糕。

掌控烤溫

以「半蒸半烤」熟製生麵糊，也必須要求適當又穩定的溫度，尤其是燙麵製品，屬高水量麵糊，如烤溫過高、熱氣猛烈，氣體快速膨脹便會瞬間爆開；如果希望麵糊緩慢膨脹，則必須注意烤箱下火的溫度別過高，否則烤模底部麵糊快速膨脹竄升，就會在短時間內裂開。

食譜中的做法，是「上火大、下火小」方式烘烤，並從冷水起蒸，如此一來，先將麵糊表面烤乾，底部的麵糊慢慢受熱，較易掌控成品外觀。事實上，蛋糕表面出現裂紋，是正常現象，並非失敗品，只要內部組織具彈性，並分布均勻的細小孔洞，那麼就不用在意表面的裂紋，當然，過度四分五裂的成品，也算瑕疵，必須將火溫調降。

總之，無論用何種方式蒸烤，還是要多多掌控自家的烤箱，並活用不同的烤溫。

隔水蒸烤的要點

裝有生麵糊的烤模，放在水上烘烤，即是「隔水蒸烤」（又稱「水浴法」）。生麵糊以「隔水蒸烤」或「直接乾烤」熟製，兩者受熱焦化的程度截然不同；加水蒸烤，多了熱騰騰的水氣，麵糊的受熱程度相對較弱，因此成品烤熟的時間也較長，隔水蒸烤時，要點如下：

● 水量要足

開始烘烤時，水量要一次加足，應避免烘烤中加水，才不會影響烤溫的穩定性；水量高度至少要到烤模底部高度約1公分處。

● 水不要沸騰

烘烤中，要隨時留意烤盤上的熱水，全程必須在穩定的受熱狀態，如有沸騰現象時，可直接倒入冷水或冰塊迅速降溫。

● 避免開烤箱門

除非必要，否則在烘烤中盡可能不要打開烤箱的門，以避免熱氣散發，而影響正在膨脹的麵糊。

直接乾烤

除上述「隔水蒸烤」之外，燙麵戚風蛋糕如以「直接乾烤」熟製時，烤模不可抹油，也不用鋪紙，其麵糊膨脹原理與一般戚風蛋糕相同。建議以上火約190°C、下火約160°C烤約10~12分鐘，當麵糊表面烤乾，且輕微上色時，則將上火降成150~160°C，續烤約30~35分鐘左右，將麵糊完全烤透；烘烤時，同樣必須多多觀察自家烤箱的特性，以設定適當溫度。

↑不管成品表面裂與不裂，只要內部組織具彈性，口感細膩綿柔，就是正常品。

step 7

蛋糕出爐

● 不用倒扣

隔水蒸烤的蛋糕，一旦離開烤箱的熱氣後，邊緣便會漸漸地與烤模分離，與直接乾烤的戚風蛋糕不同，因此可省略倒扣的動作；以免倒扣後，烤模內的蛋糕體會有脫落之虞。

step 8

脫模

● 降溫數分鐘後

降溫中的蛋糕體，會漸漸地縮回到麵糊原有的高度，此時便可輕鬆地取出蛋糕體。

烤模

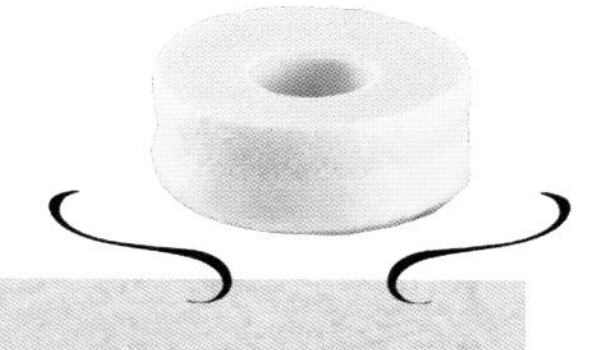

「燙麵戚風蛋糕」所使用的烤模尺寸

◆直徑18公分中空圓模

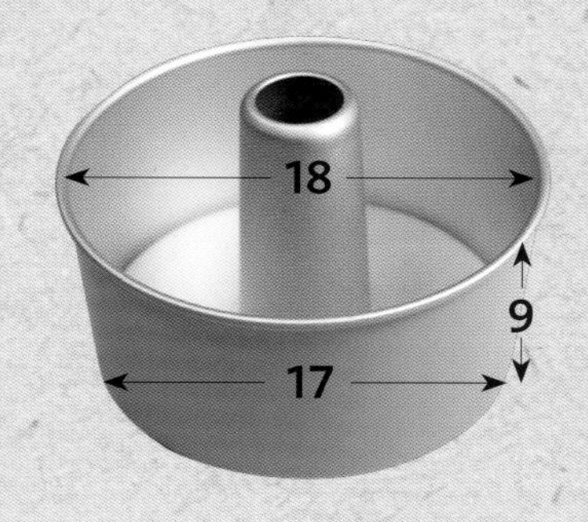

◆直徑18公分活動圓模

材料換算

直徑18公分中空圓模x0.9＝直徑18公分活動圓模

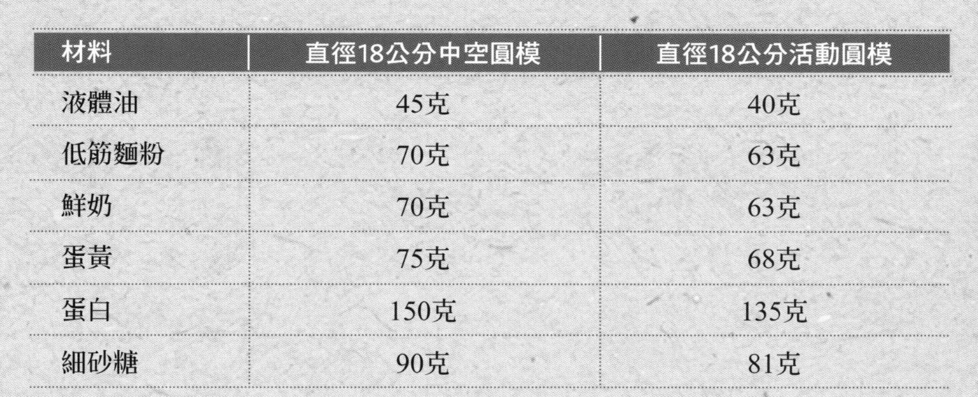

材料	直徑18公分中空圓模	直徑18公分活動圓模
液體油	45克	40克
低筋麵粉	70克	63克
鮮奶	70克	63克
蛋黃	75克	68克
蛋白	150克	135克
細砂糖	90克	81克

◎以上是以「燙麵戚風蛋糕」的基本用料，來換算「直徑18公分」圓烤模（中空與實心）的用料，其他燙麵戚風蛋糕的用料也是以同樣比例換算。

品嚐&保存

與一般戚風蛋糕相較，「燙麵戚風蛋糕」的濕潤度更高，成品必須冷藏數小時後，其品嚐風味較佳；同樣地，也要密封冷藏保存。

香草 燙麵戚風蛋糕

❶ 低筋麵粉 70克、液體油 45克

● 液體油：泛指一般植物性油脂

❷ 鮮奶 70克、香草莢 1/2根、蛋黃 75克

❸ 蛋白 150克、細砂糖 90克

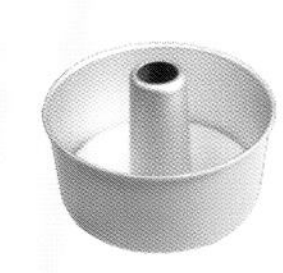

直徑18公分中空圓模X1

做法

準備

1 低筋麵粉過篩，烤模邊緣（及中空處的邊緣）抹油，烤模用鋁箔紙包好備用（p.115「準備工作」的說明）。

2 烤箱設定上火約170°C、下火約150°C，提前預熱。

● 烤箱預熱時機及預熱溫度，請看p.24的說明。

製作燙麵糊→參照p.116說明

3 香草莢剖開取籽，加入鮮奶內備用。

4 材料❶的液體油入鍋，開小火加熱，油紋出現時即熄火。

● 加熱時，戴著隔熱手套提起鍋具輕輕地搖晃，使油溫均勻。

5 快速倒入麵粉，用打蛋器攪勻，持續攪到降溫（微溫）且具光澤狀。

6 將做法3的鮮奶一次倒入做法5的麵糊內，輕輕地攪勻。

7 接著一次倒入蛋黃，輕輕地攪到光澤狀。

製作蛋白霜→參照p.14說明

8 依p.14做法6~12將蛋白霜製作完成。

● 蛋白霜的打發程度如一般戚風蛋糕的製作方式。

燙麵糊＋蛋白霜→參照p.117說明

9 依p.16做法13~18將做法7的麵糊與蛋白霜混合均勻。

● 混合方式如一般戚風蛋糕的製作方式。

麵糊入模→參照p.17說明

10 用橡皮刮刀將麵糊刮入烤模內，並將麵糊表面輕輕地抹平。

隔水蒸烤→參照p.119說明

11 將烤模放入已預熱的烤箱中，在烤盤上注入冷水，以上火約180°C、下火約150°C蒸烤約10~15分鐘。表皮輕微上色後，再將上火降約10~20°C，續烤約45~50分鐘。關火後，續燜約5分鐘後再取出蛋糕。

巧克力 燙麵戚風蛋糕

❶ 低筋麵粉 65克、液體油 40克

❷ 香橙酒10克（約2小匙）、
鮮奶65克、苦甜巧克力55克

● 必須選用富含可可脂的苦甜巧克力。

❸ 蛋黃 60克

❹ 蛋白 130克、細砂糖 80克

直徑18公分活動圓模X1

做法

準備

1 低筋麵粉過篩，烤模邊緣抹油，烤模用鋁箔紙包好備用（p.115「準備工作」的說明）。

2 烤箱設定上火約170°C、下火約150°C，提前預熱。

● 烤箱預熱時機及預熱溫度，請看p.24的說明。

3 材料2的苦甜巧克力隔水加熱融化。

● 加熱融化的同時必須邊攪動，快要完全融化前即離開熱水。

製作燙麵糊→參照p.116說明

4 依p.123做法4~5將材料❶的麵粉倒入熱油中糊化，持續攪到降溫（微溫）且具光澤狀。

5 將香橙酒及鮮奶一次倒入做法4的麵糊內，輕輕地攪勻。

6 接著倒入蛋黃約1/2的分量，攪勻後再倒入苦甜巧克力約1/2的分量，輕輕地攪勻。

7 繼續將剩餘的蛋黃及苦甜巧克力分別倒入麵糊內，輕輕地攪到光澤狀。

● 分次將蛋黃及苦甜巧克力交錯地倒入麵糊內，較易拌勻；注意巧克力糊必須保持流性，如降溫凝結時，可放在裝有熱水的鍋上利用熱氣稍微加熱，以利於蛋白霜的拌合。

製作蛋白霜→參照p.14說明

8 依p.14做法6~12將蛋白霜製作完成。

● 蛋白霜的打發程度如一般戚風蛋糕的製作方式。

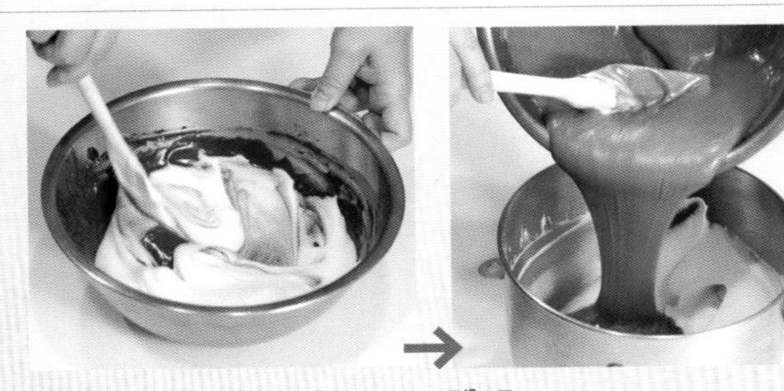

燙麵糊＋蛋白霜→參照p.117說明

9 依p.16做法13~18將做法7的麵糊與蛋白霜混合均勻。

● 混合方式如一般戚風蛋糕的製作方式。

麵糊入模→參照p.17說明

10 用橡皮刮刀將麵糊刮入烤模內，並將麵糊表面輕輕地抹平。

隔水蒸烤→參照p.119說明

11 將烤模放入已預熱的烤箱中，在烤盤上注入冷水，以上火約180°C、下火約150°C蒸烤約10~15分鐘。表皮輕微上色後，再將上火降約10~20°C，續烤約45~50分鐘。關火後，續燜約5分鐘後再取出蛋糕。

南瓜燙麵戚風蛋糕

❶ 低筋麵粉 60克、液體油 40克
❷ 鮮奶 55克、蛋黃 60克、
南瓜 45克、肉桂粉 1/8小匙
❸ 蛋白 130克、細砂糖 70克

做法

準備

1 低筋麵粉過篩，烤模邊緣抹油，烤模用鋁箔紙包好備用（p.115「準備工作」的說明）。

2 南瓜去皮切小塊（45克）蒸熟，趁熱用叉子壓成泥狀備用。

3 烤箱設定上火約170℃、下火約150°C，提前預熱。

● 烤箱預熱時機及預熱溫度，請看p.24的說明。

製作燙麵糊→參照p.116說明

4 依p.123做法4~5將材料❶的麵粉倒入熱油中糊化，持續攪到降溫（微溫）且具光澤狀。

5 將材料2的鮮奶一次倒入做法4的麵糊內，輕輕地攪勻。

6 接著一次倒入蛋黃，輕輕地攪勻。

製作蛋白霜→參照p.14說明

8 依p.14做法6~12將蛋白霜製作完成。

● 蛋白霜的打發程度如一般戚風蛋糕的製作方式。

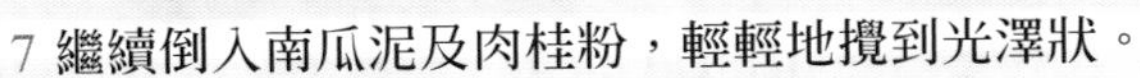
7 繼續倒入南瓜泥及肉桂粉，輕輕地攪到光澤狀。

燙麵糊＋蛋白霜→參照p.117說明

9 依p.16做法13~18將做法7的麵糊與蛋白霜混合均勻。

● 混合方式如一般戚風蛋糕的製作方式。

麵糊入模→參照p.17說明

10 用橡皮刮刀將麵糊刮入烤模內，並將麵糊表面輕輕地抹平。

隔水蒸烤→參照p.119說明

11 將烤模放入已預熱的烤箱中，在烤盤上注入冷水，以上火約180°C、下火約150°C蒸烤約10~15分鐘。表皮輕微上色後，再將上火降約10~20°C，續烤約45~50分鐘。關火後，續焖約5分鐘後再取出蛋糕。

可可 燙麵戚風蛋糕

❶ 低筋麵粉 65克、無糖可可粉 12克（約2大匙）、液體油 45克
❷ 鮮奶 80克、蛋黃 75克
❸ 蛋白 150克、細砂糖 90克

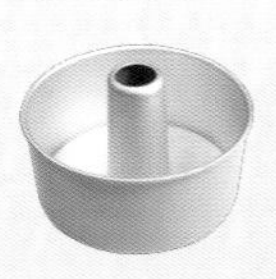

直徑18公分中空圓模X1

做法

準備

1 材料❶的低筋麵粉及無糖可可粉一起過篩2次。

2 烤模邊緣（及中空處的邊緣）抹油，烤模用鋁箔紙包好備用（p.115「準備工作」的說明）。

3 烤箱設定上火約170°C、下火約150°C，提前預熱。

● 烤箱預熱時機及預熱溫度，請看p.24的說明。

製作燙麵糊→參照p.116說明

4 材料❶的液體油入鍋，開小火加熱，油紋出現時即熄火。

● 加熱時，戴著隔熱手套提起鍋具輕輕地搖晃，使油溫均勻。

5 快速倒入做法1的低筋麵粉與可可粉，用打蛋器攪勻，持續攪到降溫（微溫）且具光澤狀的可可麵糊。

6 將鮮奶一次倒入做法5的可可麵糊內，輕輕地攪勻。

7 接著一次倒入蛋黃，輕輕地攪到光澤狀。

製作蛋白霜→參照p.14說明

8 依p.14做法6~12將蛋白霜製作完成。

● 蛋白霜的打發程度如一般戚風蛋糕的製作方式。

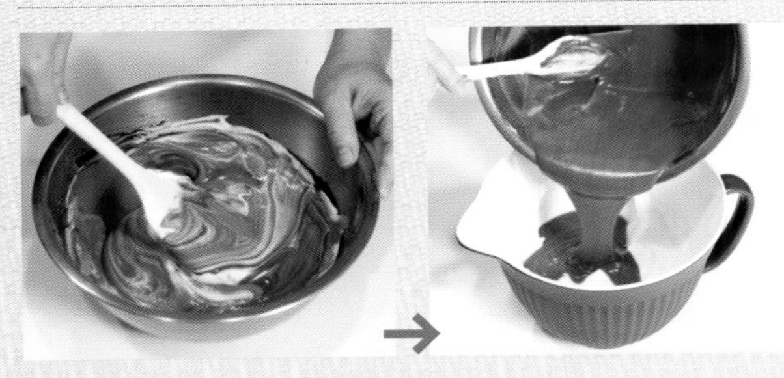

燙麵糊＋蛋白霜→參照p.117說明

9 依p.16做法13~18將做法7的麵糊與蛋白霜混合均勻。

● 混合方式如一般戚風蛋糕的製作方式。

麵糊入模→參照p.17說明

10 用橡皮刮刀將麵糊刮入烤模內，並將麵糊表面輕輕地抹平。

隔水蒸烤→參照p.119說明

11 將烤模放入已預熱的烤箱中，在烤盤上注入冷水，以上火約180°C、下火約150°C蒸烤約10~15分鐘。表皮輕微上色後，再將上火降約10~20°C，續烤約45~50分鐘。關火後，續燜約5分鐘後再取出蛋糕。

椰香燙麵戚風蛋糕

❶ 低筋麵粉 65克、液體油 40克
❷ 椰奶 80克、蛋黃 60克、椰子粉 20克
❸ 蛋白 130克、細砂糖 80克
表面裝飾→椰子絲 10克

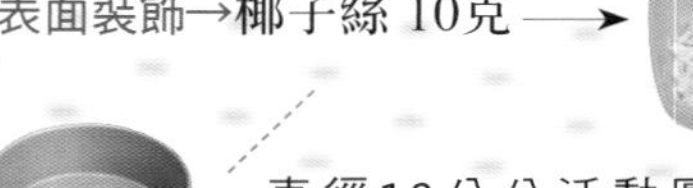

直徑18公分活動圓模X1

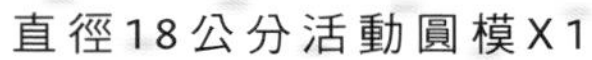

做法

準備

1 低筋麵粉過篩，烤模邊緣抹油，烤模用鋁箔紙包好備用（p.115「準備工作」的說明）。

2 烤箱設定上火約170°C、下火約150°C，提前預熱。
● 烤箱預熱時機及預熱溫度，請看p.24的說明。

製作燙麵糊→參照p.116說明

3 依p.123做法4~5將材料❶的麵粉倒入熱油中糊化，持續攪到降溫（微溫）且具光澤狀。

4 將椰奶一次倒入做法3的麵糊內，輕輕地攪勻。

5 接著一次倒入蛋黃，輕輕地攪到光澤狀。

6 繼續倒入椰子粉，攪拌均勻。

製作蛋白霜→參照p.14說明

7 依p.14做法6~12將蛋白霜製作完成。
● 蛋白霜的打發程度如一般戚風蛋糕的製作方式。

燙麵糊＋蛋白霜→參照p.117說明

8 依p.16做法13~18將做法6的麵糊與蛋白霜混合均勻。
● 混合方式如一般戚風蛋糕的製作方式。

麵糊入模→參照p.17說明

9 用橡皮刮刀將麵糊刮入烤模內，並將麵糊表面輕輕地抹平，最後撒上椰子絲裝飾。

隔水蒸烤→參照p.119說明

10 將烤模放入已預熱的烤箱中，在烤盤上注入冷水，以上火約180°C、下火約150°C蒸烤約10~15分鐘。表皮輕微上色後，再將上火降約10~20°C，續烤約45~50分鐘。關火後，續燜約5分鐘後再取出蛋糕。

抹茶燙麵戚風蛋糕

❶ 低筋麵粉 65克、抹茶粉 8克（1大匙＋1小匙）、液體油 45克
❷ 鮮奶 80克、蛋黃 75克
❸ 蛋白 150克、細砂糖 90克

直徑18公分中空圓模X1

做法

準備

1 材料❶的低筋麵粉及抹茶粉一起過篩2次。

2 烤模邊緣（及中空處的邊緣）抹油，烤模用鋁箔紙包好備用（p.115「準備工作」的說明）。

3 烤箱設定上火約170°C、下火約150°C，提前預熱。

● 烤箱預熱時機及預熱溫度，請看p.24的說明。

製作燙麵糊→參照p.116說明

4 材料❶的液體油入鍋，開小火加熱，油紋出現時即熄火。

● 加熱時，戴著隔熱手套提起鍋具輕輕地搖晃，使油溫均勻。

5 快速倒入做法1的低筋麵粉與抹茶粉，用打蛋器攪勻，持續攪到降溫（微溫）且具光澤狀的抹茶麵糊。

6 將鮮奶一次倒入做法5的抹茶麵糊內，輕輕地攪勻。

7 接著一次倒入蛋黃，輕輕地攪到光澤狀。

製作蛋白霜→參照p.14說明

8 依p.14做法6~12將蛋白霜製作完成。

● 蛋白霜的打發程度如一般戚風蛋糕的製作方式。

燙麵糊＋蛋白霜→參照p.117 說明

9 依p.16做法13~18將做法7的麵糊與蛋白霜混合均勻。

● 混合方式如一般戚風蛋糕的製作方式。

麵糊入模→參照p.17說明

10 用橡皮刮刀將麵糊刮入烤模內，並將麵糊表面輕輕地抹平。

隔水蒸烤→參照p.119說明

11 將烤模放入已預熱的烤箱中，在烤盤上注入冷水，以上火約180°C、下火約150°C蒸烤約10~15分鐘。表皮輕微上色後，再將上火降約10~20°C，續烤約45~50分鐘。關火後，續燜約5分鐘後再取出蛋糕。

火龍果 燙麵戚風蛋糕

❶ 低筋麵粉 65克、液體油 40克
❷ 火龍果 80克、香橙汁 30克（純果汁，不含果粒）
❸ 蛋黃 60克
❹ 蛋白 130克、細砂糖 70克

直徑18公分活動圓模X1

做法

準備

1 低筋麵粉過篩，烤模邊緣抹油，烤模用鋁箔紙包好備用（p.115「準備工作」的說明）。

2 火龍果切小塊加入香橙汁，用均質機（或料理機）打成泥狀備用。

3 烤箱設定上火約170°C、下火約150°C，提前預熱。

● 烤箱預熱時機及預熱溫度，請看p. 24的說明。

製作燙麵糊→參照p.116說明

4 依p.123做法4~5將材料❶的麵粉倒入熱油中糊化，持續攪到降溫（微溫）且具光澤狀。

5 將做法2的火龍果泥（含香橙汁）一次倒入做法4的麵糊內，輕輕地攪勻。

● 沾黏在容器上的果泥，都要刮乾淨。

6 接著一次倒入蛋黃，輕輕地攪到光澤狀。

製作蛋白霜→參照p.14說明

7 依p.14做法6~12將蛋白霜製作完成。

● 蛋白霜的打發程度如一般戚風蛋糕的製作方式。

燙麵糊＋蛋白霜→參照p.117說明

8 依p.16做法13~18將做法6的麵糊與蛋白霜混合均勻。

● 混合方式如一般戚風蛋糕的製作方式。

麵糊入模→參照p.17說明

9 用橡皮刮刀將麵糊刮入烤模內，並將麵糊表面輕輕地抹平。

隔水蒸烤→參照p.119說明

10 將烤模放入已預熱的烤箱中，在烤盤上注入冷水，以上火約180°C、下火約150°C蒸烤約10~15分鐘。表皮輕微上色後，再將上火降約10~20°C，續烤約45~50分鐘。關火後，續燜約5分鐘後再取出蛋糕。

蜂蜜檸檬 燙麵戚風蛋糕

❶ 低筋麵粉 65克、液體油 40克
❷ 鮮奶 55克、蛋黃 60克、蜂蜜 15克、檸檬皮屑 1克（約1小匙）
❸ 蛋白 130克、細砂糖 65克

做法

準備

1 低筋麵粉過篩，烤模邊緣抹油，烤模用鋁箔紙包好備用（p.115「準備工作」的說明）。

2 材料❷的蜂蜜隔水加熱，成流質狀備用。

3 烤箱設定上火約170°C、下火約150°C，提前預熱。

● 烤箱預熱時機及預熱溫度，請看p.24的說明。

製作燙麵糊→參照p.116說明

4 依p.123做法4~5將材料❶的麵粉倒入熱油中糊化，持續攪到降溫（微溫）且具光澤狀。

5 將鮮奶一次倒入做法4的麵糊內，輕輕地攪匀。

6 接著一次倒入蛋黃，輕輕地攪匀。

7 繼續倒入蜂蜜及檸檬皮屑，輕輕地攪到光澤狀。

製作蛋白霜→參照p.14說明

8 依p.14做法6~12將蛋白霜製作完成。

● 蛋白霜的打發程度如一般戚風蛋糕的製作方式。

燙麵糊＋蛋白霜→參照p.117說明

9 依p.16做法13~18將做法7的麵糊與蛋白霜混合均匀。

● 混合方式如一般戚風蛋糕的製作方式。

麵糊入模→參照p.17說明

10 用橡皮刮刀將麵糊刮入烤模內，並將麵糊表面輕輕地抹平。

隔水蒸烤→參照p.119說明

11 將烤模放入已預熱的烤箱中，在烤盤上注入冷水，以上火約180°C、下火約150°C蒸烤約10~15分鐘。表皮輕微上色後，再將上火降約10~20°C，續烤約45~50分鐘。關火後，續燜約5分鐘後再取出蛋糕。

小麥胚芽 燙麵戚風蛋糕

❶ 低筋麵粉 65克、液體油 40克
❷ 鮮奶 65克、蛋黃 65克、小麥胚芽 25克
❸ 蛋白 130克、細砂糖 80克
❹ 生的碎核桃 25克
裝飾→ 糖粉 適量

直徑18公分活動圓模X1

做法

準備

1 低筋麵粉過篩，烤模邊緣抹油，烤模用鋁箔紙包好備用（p.115「準備工作」的說明）。

2 烤箱設定上火約170°C、下火約150°C，提前預熱。

● 烤箱預熱時機及預熱溫度，請看p.24的說明。

製作燙麵糊→參照p.116說明

3 依p.123做法4~5將材料❶的麵粉倒入熱油中糊化，持續攪到降溫（微溫）且具光澤狀。

4 將鮮奶一次倒入做法3的麵糊內，輕輕地攪勻。

5 接著一次倒入蛋黃，攪拌均勻。

6 繼續倒入小麥胚芽，輕輕地攪到光澤狀。

製作蛋白霜→參照p.14說明

7 依p.14做法6~12將蛋白霜製作完成。

● 蛋白霜的打發程度如一般戚風蛋糕的製作方式。

燙麵糊＋蛋白霜→參照p.117說明

8 依p.16做法13~18將做法6的麵糊與蛋白霜混合均勻。

● 混合方式如一般戚風蛋糕的製作方式。

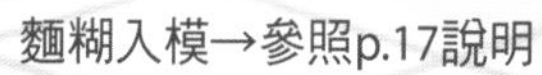

麵糊入模→參照p.17說明

9 用橡皮刮刀將麵糊刮入烤模內，並將麵糊表面輕輕地抹平，再平均地撒上生的碎核桃。

隔水蒸烤→參照p.119說明

10 將烤模放入已預熱的烤箱中，在烤盤上注入冷水，以上火約180°C、下火約150°C蒸烤約10~15分鐘。表皮輕微上色後，再將上火降約10~20°C，續烤約45~50分鐘。關火後，續燜約5分鐘後再取出蛋糕。

附錄

方塊蛋糕

Square Cake

利用方型烤模做蛋糕，規矩的形狀，恰當的厚度，有別於一般圓型烤模的外觀，切塊盛盤，自用或當作茶會點心，都非常討喜。

書中的方塊蛋糕，多以各式「海綿蛋糕」來製作，藉由膨鬆且紮實的組織，搭配各式蔬果或堅果，都非常適宜，烘烤受熱的穩定性極佳，成品外觀易於掌控；而燙麵式戚風蛋糕的質地細緻，穩定的收縮度，也可用於方塊蛋糕。

食譜中的各式蛋糕體，在做法中均有詳述，請仔細閱讀；而不同的海綿蛋糕，其用料、製程及口感，差異如下：

蛋糕體	用　料	麵糊製作	拌合方式	口　感
全蛋海綿蛋糕	雞蛋、細砂糖、油、麵粉。	以全蛋打發蛋糊所製成的麵糊。	蛋糊打發→拌入麵粉成麵糊→取少量麵糊拌入奶油內，再倒回原麵糊內而成。	膨鬆有彈性，有濃郁蛋香。
法式杏仁海綿蛋糕	除上述4項主料外，還有大量杏仁粉；而其中的油脂則是固態油（無鹽奶油）。	全蛋加杏仁粉所拌成的杏仁麵糊。	取少量的杏仁麵糊拌入奶油內，再倒回原來的杏仁麵糊內，再將杏仁麵糊與打發的蛋白霜混合。	質地較紮實，有濃郁的杏仁香氣及奶味。

烘烤完成

各式方塊蛋糕烘烤完成後，用小尖刀插入麵糊內，如不沾黏即可；從烤箱取出後，請儘快脫模，以免蛋糕體過度收縮。

烤模

「方塊蛋糕」所使用的烤模尺寸

烤模鋪紙

為方便取出烘烤後的蛋糕體，最好在烤模內鋪上防沾紙。

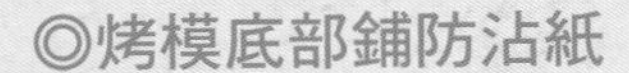

◎烤模底部鋪防沾紙

◎裁切紙張的大小，與烤模底部相同的長寬。

脫模方式

只有底部鋪有防沾紙，表示脫模時，仍必須倒扣；因此，必須注意蛋糕體表面的完整性或是餡料是否會脫落。

◎烤模底部及邊緣都鋪防沾紙

◎裁切紙張的長、寬大於烤模的長、寬至少5公分，在紙張的四個角分別剪出刀口（長度至烤模的角）。

◎再將紙張的四個邊向內摺，並將四個被剪開的角交叉摺好。

脫模方式

烤模周邊也有防沾效果，脫模時不必倒扣，可用手拎起防沾紙，將蛋糕體順勢拉出烤模。

藍莓奶酥蛋糕

奶酥粒

低筋麵粉 40克、糖粉 25克、杏仁粉 30克

無鹽奶油 30克（切小塊）

法式杏仁海綿蛋糕

❶ 無鹽奶油 15克

❷ 杏仁粉 60克、糖粉 15克、全蛋 110克

❸ 蛋白 60克、細砂糖 30克

❹ 低筋麵粉 25克

配料

新鮮藍莓 150~180克

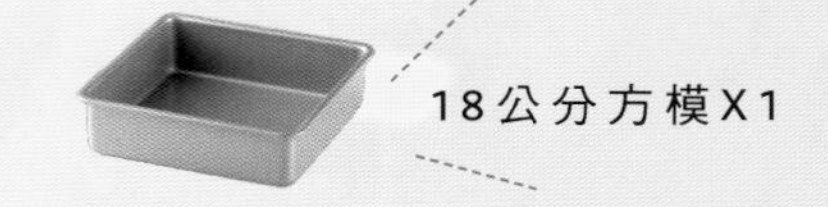

做法

準備

1 材料❶的無鹽奶油隔水加熱融化，材料❷的杏仁粉及糖粉一起過篩（杏仁粉粗顆粒保留）。

2 低筋麵粉過篩，烤模底部鋪紙備用（p.143「烤模鋪紙」的說明）。

3 烤箱設定上火約180°C，下火約160°C，提前預熱。

● 烤箱預熱時機及預熱溫度，請看p.24的說明。

4 先製作奶酥粒：低筋麵粉、糖粉及杏仁粉秤在一起，用手混勻，再與無鹽奶油混合，用手輕輕地搓成顆粒狀，冷藏備用。

製作杏仁麵糊

5 材料❷的全蛋攪散後，倒入做法1的杏仁粉（含糖粉）內，用打蛋器攪成均勻的杏仁麵糊。

製作蛋白霜→參照p.14說明

6 依p.14做法6~12將蛋白霜製作完成。

● 蛋白霜的打發程度如一般戚風蛋糕的製作方式。

杏仁麵糊＋蛋白霜

7 取約1/3分量的蛋白霜，加入做法5的杏仁麵糊內，輕輕地拌勻，再刮入剩餘的蛋白霜內，從容器底部刮起攪勻。

8 倒入已過篩的低筋麵粉，用橡皮刮刀輕輕地翻拌均勻，成細緻的麵糊。

9 取做法8的少量麵糊倒入做法1的融化奶油內，快速攪勻後，再倒回原來的麵糊內，輕輕地拌勻。

● 少量麵糊：約為融化奶油的2倍分量。

麵糊入模

10 用橡皮刮刀將麵糊刮入烤模內，輕輕地抹平。

11 再將新鮮藍莓平均地鋪在麵糊上，最後撒上奶酥粒。

烘烤→參照p.17說明

12 將烤模放入已預熱的烤箱中，以上火約180°C、下火約160°C烤約25~30分鐘，奶酥粒成金黃色、麵糊烤熟即可。

四個四分之一蛋糕

全蛋海綿蛋糕

❶ 無鹽奶油 120克
❷ 全蛋 120克、細砂糖 120克
❸ 低筋麵粉 120克、香橙皮屑 1個

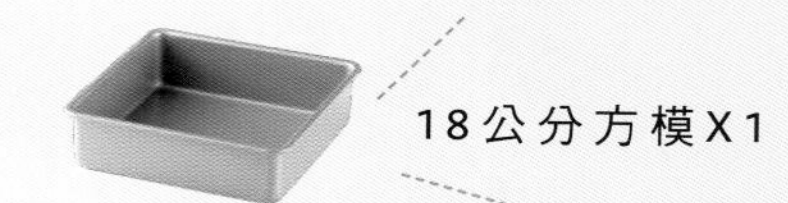

所謂「四個四分之一蛋糕」（Quatre-Quarts），即法國奶油蛋糕，是利用奶油、細砂糖、雞蛋及麵粉各250克的分量來製作（共1000克），表示每樣材料都是等比例；就如同磅蛋糕（Pound Cake）的做法，將奶油打發製成，組織較紮實，口感濃郁；而本書中的做法，則以「全蛋式海綿蛋糕」的蛋糊打發方式完成，口感較鬆軟有彈性，有不同的品嚐滋味。

做法

準備

1 無鹽奶油隔水加熱融化備用，用刨皮刀將香橙的皮屑刨好備用。

2 低筋麵粉過篩，烤模底部鋪紙備用（p.143「烤模鋪紙」的說明）。

3 烤箱設定上、下火約180°C，提前預熱。

● 烤箱預熱時機及預熱溫度，請看p. 24的說明。

製作全蛋麵糊

4 材料❷的全蛋隔水加熱，用攪拌機先以慢速攪散，接著加入細砂糖，再加速打發。

● 蛋液經隔水加熱後，有助於快速穩定地打發，但要注意蛋糊的溫度不可超過40°C；攪打時，必須隨時用手指確認溫度，微溫時，即可離開熱水繼續打發。

5 做法4的蛋糊持續快速打發，最後體積會變大、顏色會變白，撈起的蛋糊呈濃稠狀，滴落的線條不會立即消失即完成。

● 最後再以慢速攪打約1分鐘，蛋糊會更加細緻。

6 倒入已過篩的麵粉，先用橡皮刮刀拌合，接著快速刮入做法1的融化奶油，輕輕地從容器底部刮起並翻拌攪勻。

● 注意不要定點淋入奶油，應繞圈淋下，麵糊較不易消泡。

7 輕巧且快速地攪成均勻細緻的麵糊後，接著倒入香橙皮屑，輕輕地拌勻。

● 也可將香橙皮屑先倒入融化的奶油內攪勻備用。

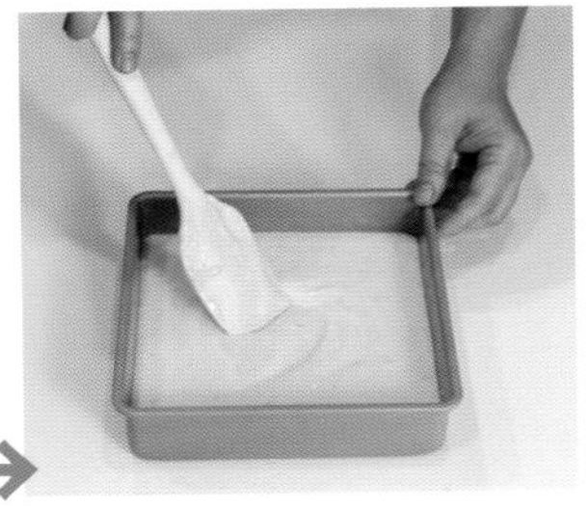

麵糊入模

8 用橡皮刮刀將麵糊刮入烤模內，輕輕地抹平。

烘烤→參照p.17說明

9 將烤模放入已預熱的烤箱中，以上、下火約180°C烤約25~30分鐘。

黑棗蛋糕

全蛋海綿蛋糕

❶ 無鹽奶油 25克、香橙汁 30克（純果汁，不含果粒）

❷ 全蛋 110克、蛋黃 15克、細砂糖 50克

❸ 低筋麵粉 60克、杏仁粉 15克

配料

黑棗 16顆、香橙酒 1小匙、肉桂粉 1/8小匙

18公分方模X1

做法

準備

1 無鹽奶油加香橙汁，隔水加熱將奶油融化備用。

2 低筋麵粉及杏仁粉一起過篩（杏仁粉粗顆粒保留），攪勻備用。

3 烤箱設定上、下火約170℃，提前預熱。

● 烤箱預熱時機及預熱溫度，請看p. 24的說明。

4 先將烤模鋪紙（如p.143「烤模鋪紙」的說明），配料的黑棗加香橙酒及肉桂粉攪勻後，再平均地鋪在烤模內（每行4顆）。

製作全蛋麵糊

5 材料❷的全蛋加蛋黃隔水加熱，用攪拌機先以慢速攪散，接著加入細砂糖，再加速打發。

● 蛋液經隔水加熱後，有助於快速穩定地打發，但要注意蛋糊的溫度不可超過40°C；攪打時，必須隨時用手指確認溫度，微溫時，即可離開熱水繼續打發。

6 做法5的蛋糊持續快速打發，最後體積會變大、顏色會變白，撈起的蛋糊呈濃稠狀，滴落的線條不會立即消失即完成。

● 最後再以慢速攪打約1分鐘，蛋糊會更加細緻。

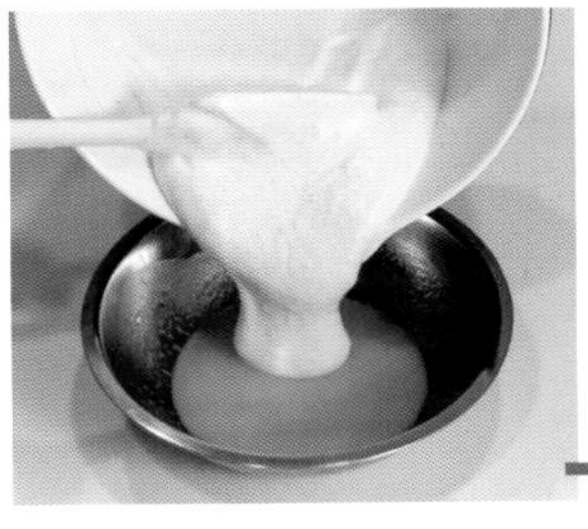

7 接著倒入做法2的已過篩的麵粉（含杏仁粉），先用打蛋器輕輕地將麵粉攪在蛋糊中，再改用橡皮刮刀翻拌攪勻。

8 取做法7的少量麵糊倒入做法1的橙汁奶油內，快速攪勻後，再倒回原來的麵糊內，輕輕地拌勻，成為細緻的麵糊。

● 少量麵糊：約為橙汁奶油的2倍分量。

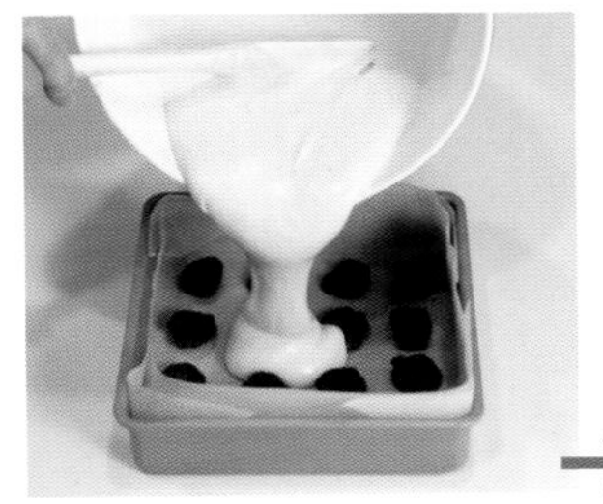

麵糊入模

9 用橡皮刮刀將麵糊刮入烤模內，輕輕地抹平。

烘烤→參照p.17說明

10 將烤模放入已預熱的烤箱中，以上、下火約170°C烤約25~30分鐘；蛋糕脫模後，底部朝上當作正面。

香橙蛋糕

橙皮汁

橙皮絲 20克（約2個）、水 90克、細砂糖 15克

全蛋海綿蛋糕

❶ 無鹽奶油 25克、橙皮汁（做法1） 35克
❷ 全蛋 105克、蛋黃 15克、細砂糖 50克
❸ 低筋麵粉 60克、杏仁粉 15克

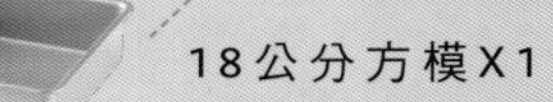

配料

香橙果肉 180克（約2個）

做法

準備

1 橙皮汁：橙皮絲加水及細砂糖，用小火煮約10分鐘，將橙皮絲取出擠乾備用。

2 香橙果肉：儘量去膜，口感較佳。

3 無鹽奶油加做法1的橙皮汁（取35克），再隔水加熱將奶油融化備用。

4 低筋麵粉及杏仁粉一起過篩（杏仁粉粗顆粒保留），攪勻備用。

5 烤模底部鋪紙（p.143「烤模舖紙」的說明）、烤箱設定上、下火約180°C，提前預熱。

● 烤箱預熱時機及預熱溫度，請看p. 24的說明。

製作全蛋麵糊

6 材料❷的全蛋加蛋黃及細砂糖，隔水加熱，用攪拌機先以慢速攪散，再加速打發。

● 打發蛋糊時，隔水加熱方式，請參考p.148「黑棗蛋糕」的DVD示範。

7 做法6蛋糊持續快速打發，最後體積會變大、顏色會變白，撈起的蛋糊呈濃稠狀，滴落的線條不會立即消失即完成。

8 接著倒入已過篩的麵粉（及杏仁粉），先用打蛋器輕輕地將麵粉攪在蛋糊中，再改用橡皮刮刀翻拌攪勻。

● 做法6~8的麵糊製作，與p. 148「黑棗蛋糕」做法5~7相同。

9 取做法8的少量麵糊倒入做法3的橙皮汁奶油內，快速攪勻後，再倒回原來的麵糊內，輕輕地拌勻，成細緻的麵糊。

● 少量麵糊：約為橙皮汁奶油的2倍分量。

麵糊入模

10 用橡皮刮刀將麵糊刮入烤模內，輕輕地抹平。

烘烤→參照p.17說明

11 將烤模放入已預熱的烤箱中，以上、下火約180°C烤約10分鐘後，取出鋪上香橙果肉，並撒些做法1的橙皮絲，再以上火約150°C、下火約170°C續烤約15~20分鐘。

香蕉可可蛋糕

法式杏仁海綿蛋糕

❶ 無鹽奶油 15克

❷ 無糖可可粉 20克、熱水 40克

❸ 杏仁粉 60克、糖粉 15克、全蛋 90克

❹ 蛋白 60克、細砂糖 35克

❺ 低筋麵粉 25克

配料

香蕉 200克（去皮後）

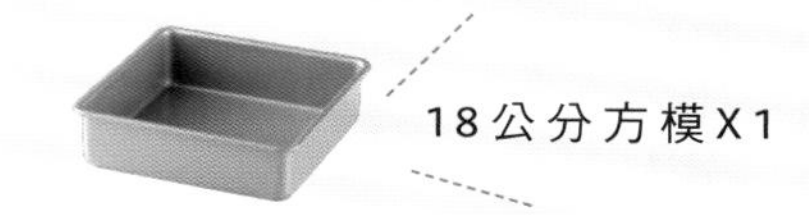

做法

準備

1 無鹽奶油隔水加熱融化，無糖可可粉加熱水攪成均匀的可可糊。杏仁粉加糖粉一起過篩（杏仁粉粗顆粒保留）。

2 低筋麵粉過篩、烤模底部鋪紙備用（p.143「烤模鋪紙」的說明）。

3 烤箱設定上、下火約180°C，提前預熱。

● 烤箱預熱時機及預熱溫度，請看p.24的說明。

製作杏仁麵糊

4 材料❸的全蛋攪散後，倒入做法1的杏仁粉（含糖粉）內，用打蛋器攪成均匀的杏仁麵糊。

5 接著將做法1的可可糊倒入杏仁麵糊內，攪成均匀的可可杏仁麵糊。

製作蛋白霜→參照p.14說明

6 依p.14做法6~12將蛋白霜製作完成。

● 蛋白霜的打發程度如一般戚風蛋糕的製作方式。

杏仁麵糊＋蛋白霜→參照p.16說明

7 取約1/3分量的蛋白霜，加入做法5的可可杏仁麵糊內，輕輕地拌匀，再刮入剩餘的蛋白霜內，從容器底部刮起攪匀。

8 倒入已過篩的低筋麵粉，用橡皮刮刀輕輕地翻拌均匀，成為細緻的可可麵糊。

9 取做法8的少量麵糊倒入做法1的融化奶油內，快速攪匀後，再倒回原來的麵糊內，輕輕地拌匀。

● 少量麵糊：約為融化奶油的2倍分量。

麵糊入模

10 用橡皮刮刀將麵糊刮入烤模內，輕輕地抹平。

烘烤→參照p.17說明

11 將烤模放入已預熱的烤箱中，以上、下火約180°C烤約10分鐘後取出，將香蕉（切成約3~4公分寬）插入麵糊內，再以上火約150°C、下火約170°C續烤約15~20分鐘。

核桃杏仁蛋糕

法式杏仁海綿蛋糕

❶ 無鹽奶油 20克、香橙酒 10克

❷ 杏仁粉 75克、低筋麵粉 35克、全蛋 150克

❸ 蛋白 85克、細砂糖 50克

配料

生的碎核桃 45克、糖粉 適量

18公分方模X1

做法

準備

1 無鹽奶油隔水加熱融化，加入香橙酒攪勻備用。

2 杏仁粉及麵粉一起過篩（杏仁粉粗顆粒保留），烤模底部鋪紙備用（p.143「烤模鋪紙」的說明）。

3 烤箱設定上、下火約170˚C~180˚C，提前預熱。

● 烤箱預熱時機及預熱溫度，請看p. 24的說明。

製作杏仁麵糊

4 材料❷的全蛋攪散後，倒入做法2的杏仁粉（含麵粉）內，用打蛋器攪成均勻的杏仁麵糊。

製作蛋白霜→參照p.14說明

5 依p.14做法6~12將蛋白霜製作完成。

● 蛋白霜的打發程度如一般戚風蛋糕的製作方式。

蛋黃麵糊＋蛋白霜→參照p.16說明

6 取約1/3分量的蛋白霜，加入做法4的杏仁麵糊內，輕輕地拌勻，再刮入剩餘的蛋白霜內，從容器底部刮起攪勻。

7 取做法6的少量麵糊倒入做法1融化的奶油內（含香橙酒），快速攪勻後，再倒回原來的麵糊內，輕輕地拌勻。

● 少量麵糊：約為融化奶油的2倍分量。

麵糊入模

8 用橡皮刮刀將麵糊刮入烤模內，輕輕地抹平。

9 再將生的碎核桃平均地鋪在麵糊上，最後在表面平均地篩些糖粉。

● 麵糊表面的糖粉，經高溫烘烤後，形成白色的表層，具輕微脆度的香甜口感，可依個人喜好取捨此動作。

烘烤→參照p.17說明

10 將烤模放入已預熱的烤箱中，以上、下火約170˚C~180˚C烤約25~30分鐘。

英式蘋果奶酥

奶酥粒

低筋麵粉 40克、糖粉 25克、杏仁粉 30克
無鹽奶油 30克（切小塊）

焦糖奶油蘋果

❶ 細砂糖 30克、蘋果 400克（去皮後，約2個）
❷ 無鹽奶油 25克、葡萄乾 25克
❸ 香橙酒 1小匙、肉桂粉 1/4小匙、烤熟的碎核桃 30克

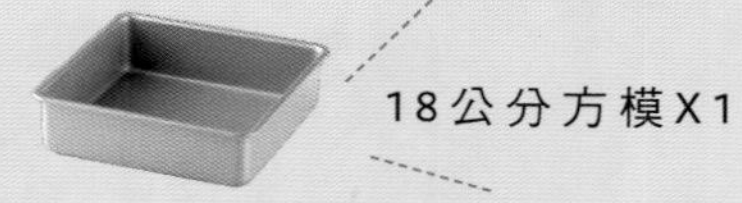

18公分方模X1

英式蘋果奶酥（Apple Crumble）是英國傳統的家庭點心，簡單又美味；香甜的蘋果餡在底部，上面覆蓋酥脆的奶酥粒，有別於派皮襯底的滋味，烤好後，趁熱佐以一球香草冰淇淋或打發的鮮奶油，冷熱交融，滿足味蕾！

做法

準備

1 先製作奶酥粒：低筋麵粉、糖粉及杏仁粉秤在一起，用手混匀，再與無鹽奶油混合，用手輕輕地搓成顆粒狀，冷藏備用（如p.145做法4）。

2 蘋果切成約1.5公分的方丁備用。

3 烤箱設定上火約200°C、下火約160°C，提前預熱。

● 烤箱預熱時機及預熱溫度，請看p.24的說明。

製作焦糖奶油蘋果

4 細砂糖入鍋中，用小火加熱，融化後漸漸地呈現金黃色。

5 接著倒入蘋果丁，用中火拌炒。

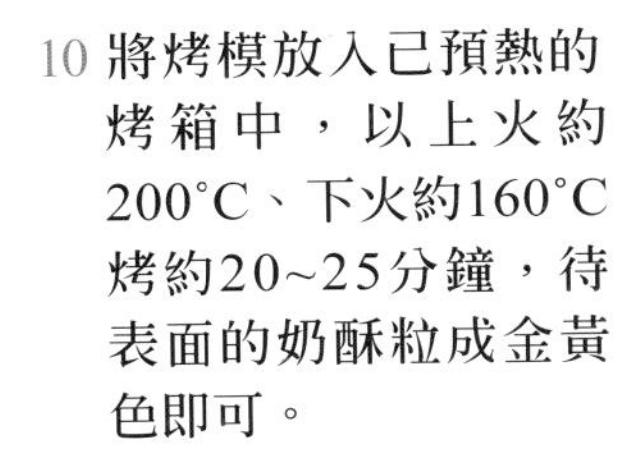

6 續炒約3~5分鐘後，蘋果丁稍微收縮變小，接著倒入無鹽奶油（先切小塊）及葡萄乾。

7 持續炒到蘋果丁變軟後，再加入香橙酒及肉桂粉，大火收汁，攪匀後即熄火。

8 最後倒入烤熟的碎核桃，拌炒均匀。

餡料入模

9 將焦糖奶油蘋果刮入烤模內，輕輕地攤開，最後撒上奶酥粒。

10 將烤模放入已預熱的烤箱中，以上火約200°C、下火約160°C烤約20~25分鐘，待表面的奶酥粒成金黃色即可。

● 品嚐時，直接舀出所需的分量即可，趁熱享用，風味最佳。

紅蘿蔔杏仁蛋糕

分蛋式奶油蛋糕

❶ 紅蘿蔔 200克、杏仁粉 150克、低筋麵粉 45克、
肉桂粉 1/8小匙

❷ 無鹽奶油 35克、二砂糖（brown sugar） 15克、
鹽 1/8小匙、蛋黃 45克、檸檬皮屑 約1克（約1小匙）

❸ 蛋白 90克、細砂糖 45克

18公分方模X1

做法

準備

1 紅蘿蔔刨成細絲後再切碎備用。

2 低筋麵粉及肉桂粉一起過篩，烤模底部鋪紙備用（p.143「烤模鋪紙」的說明）。

3 烤箱設定上、下火約180°C，提前預熱。

● 烤箱預熱時機及預熱溫度，請看p.24的說明。

製作紅蘿蔔杏仁麵糊

4 將材料❶的所有材料混合均勻備用。

5 將材料❷的無鹽奶油、二砂糖及鹽用打蛋器攪勻（不用打發），儘量攪到砂糖融化。

6 接著加入蛋黃及檸檬皮屑，攪成均勻的奶油糊。

7 再將做法6的奶油糊倒入做法4的紅蘿蔔混合物內，用橡皮刮刀攪勻，成為非常濃稠的紅蘿蔔杏仁麵糊。

製作蛋白霜→參照p.14說明

8 依p.14做法6~12將蛋白霜製作完成。

● 蛋白霜的打發程度如一般戚風蛋糕的製作方式。

紅蘿蔔杏仁麵糊＋蛋白霜→參照p.16說明

9 取約1/3分量的蛋白霜，倒入做法7的紅蘿蔔杏仁麵糊內，輕輕地拌勻，再刮入剩餘的蛋白霜內，從容器底部刮起攪勻。

麵糊入模

10 用橡皮刮刀將麵糊刮入烤模內，並將表面輕輕地抹平。

烘烤→參照p.17說明

11 將烤模放入已預熱的烤箱中，以上、下火約180°C烤約25~30分鐘。

蘋果片蛋糕

分蛋式奶油蛋糕

❶ 無鹽奶油 50克、細砂糖 10克、全蛋 55克

❷ 低筋麵粉 35克、杏仁粉 30克

❸ 香橙汁 30克（純果汁，不含果粒）

❹ 蛋白 80克、細砂糖 35克

配料

蘋果片 200克（不去皮）、蘋果果肉 150克（去皮後）

18公分方模X1

準備

1 無鹽奶油秤好後，放在室溫下回軟備用。

2 低筋麵粉及杏仁粉一起過篩（杏仁粉粗顆粒保留）。

3 烤模底部鋪紙備用（p.143「烤模鋪紙」的說明），烤箱設定上、下火約180°C，提前預熱。

● 烤箱預熱時機及預熱溫度，請看p.24的說明。

做法

1 將所需的蘋果片（配料）切好，另外準備去皮的蘋果果肉150克切小片（要填入麵糊內）。

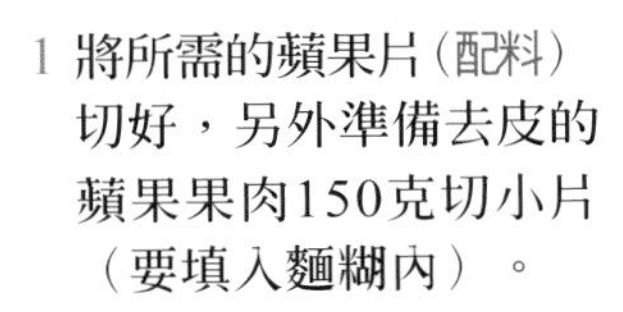

製作香橙杏仁麵糊

2 將軟化的無鹽奶油加細砂糖用攪拌機以快速打發，攪打至細砂糖融化後，再慢慢地倒入全蛋（邊倒邊攪）。

3 接著倒入已過篩的低筋麵粉（含杏仁粉），用橡皮刮刀攪勻。

4 最後加入香橙汁，輕輕地攪成均勻細緻的香橙杏仁麵糊。

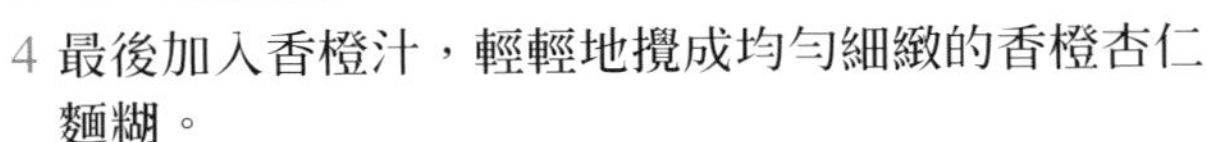

製作蛋白霜→參照p.14說明

5 依p.14做法6~12將蛋白霜製作完成。

- 蛋白霜的打發程度如一般戚風蛋糕的製作方式。

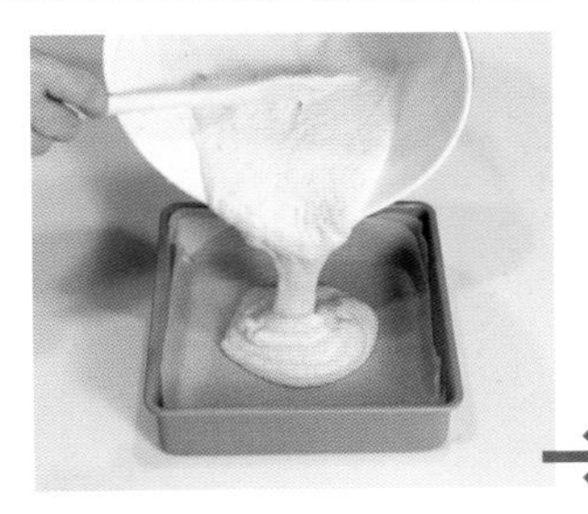

香橙杏仁麵糊＋蛋白霜→參照p.16說明

6 取約1/3分量的蛋白霜，加入做法4的香橙杏仁麵糊內，輕輕地拌勻，再刮入剩餘的蛋白霜內，從容器底部刮起攪勻。

麵糊入模

7 用橡皮刮刀將麵糊刮入烤模內，稍微抹平後，再填入做法1的蘋果果肉（平放），並將表面抹平。

8 最後將蘋果片斜插在麵糊表面。

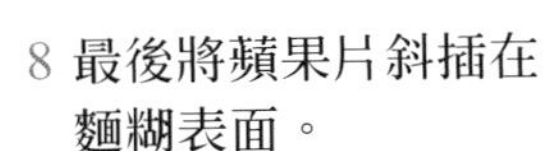

烘烤→參照p.17說明

9 將烤模放入已預熱的烤箱中，以上火約180°C、下火約180°C烤約25~30分鐘。

南瓜蛋糕

全蛋海綿蛋糕

❶ 無鹽奶油 25克、鮮奶 25克

❷ 全蛋 110克、蛋黃 15克、細砂糖 50克

❸ 低筋麵粉 50克、杏仁粉 15克

配料

❶ 南瓜 100克（去皮後）、南瓜泥 55克

❷ 葡萄乾 35克、蘭姆酒 20克

18公分方模X1

做法

準備

1 配料：南瓜切成厚約0.5公分的片狀再蒸熟，另外準備去皮的南瓜55克，切小塊蒸熟壓成泥狀備用。

2 葡萄乾加蘭姆酒浸泡，至少15分鐘，再擠乾備用。

3 低筋麵粉及杏仁粉一起過篩（杏仁粉粗顆粒保留），攪勻備用。

4 將烤模鋪紙（p.143「烤模鋪紙」的說明），烤箱設定上、下火約170℃，提前預熱。
- 烤箱預熱時機及預熱溫度，請看p.24的說明。

5 無鹽奶油加鮮奶，隔水加熱將奶油融化後，加入做法1的南瓜泥攪成均勻的南瓜奶油糊備用。

製作全蛋麵糊

6 依p.148「黑棗蛋糕」做法5~7將材料❷❸製成麵糊。

7 取做法6的少量麵糊倒入做法5的南瓜奶油糊內，快速攪勻後，再倒回原來的麵糊內，輕輕地拌勻，成細緻的麵糊。
- 少量麵糊：約為南瓜奶油糊的2倍分量。

麵糊入模

8 用橡皮刮刀將麵糊刮入烤模內，輕輕地抹平。

9 接著填入做法1的南瓜片，再撒上葡萄乾。

烘烤→參照p.17說明

10 將烤模放入已預熱的烤箱中，以上、下火約170°C烤約25~30分鐘。

葡萄乳酪蛋糕

蛋糕底

巧克力餅乾（市售的）75克、無鹽奶油 15克、鮮奶 5克

乳酪蛋糕

❶ 奶油乳酪 300克、細砂糖 65克、全蛋 90克

❷ 原味優格 80克、檸檬皮屑 1克（約1小匙）、檸檬汁 10克

❸ 低筋麵粉 5克（約2小匙）

配料

新鮮葡萄 16顆

18公分方模X1

做法

準備

1 先將烤模鋪紙（p.143「烤模鋪紙」的說明）。

2 蛋糕底：巧克力餅乾捏碎後再放入塑膠袋內，用擀麵棍壓碎，再倒入軟化的無鹽奶油及鮮奶，用手搓揉均勻（隔著塑膠袋），取出鋪在烤模內攤開壓平。

3 烤箱設定上火約160°C、下火約180°C，提前預熱。

● 烤箱預熱時機及預熱溫度，請看p. 24的說明。

4 奶油乳酪秤好後，放在室溫下回軟；檸檬皮屑加檸檬汁攪勻備用。

乳酪蛋糕

5 奶油乳酪加細砂糖，用橡皮刮刀確實壓軟攪散，再用攪拌機以慢速開始攪打。

6 奶油乳酪攪至光滑狀後（儘量無顆粒），再倒入全蛋，邊倒邊攪，成為光滑細緻的乳酪糊。

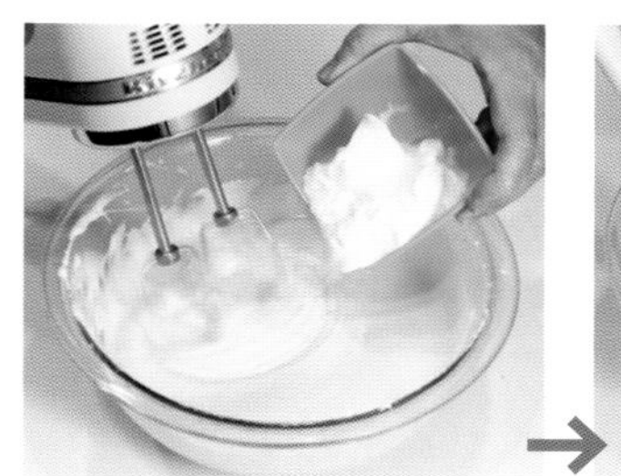

7 接著倒入原味優格及檸檬皮屑（含檸檬汁），攪拌均勻。

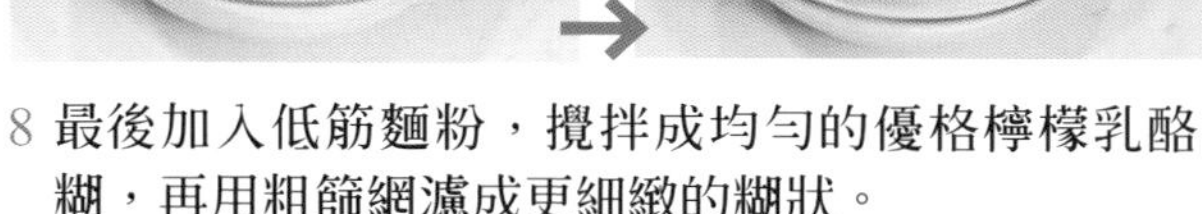

8 最後加入低筋麵粉，攪拌成均勻的優格檸檬乳酪糊，再用粗篩網濾成更細緻的糊狀。

● 篩完後，注意篩網內外殘留的乳酪糊都要刮乾淨。

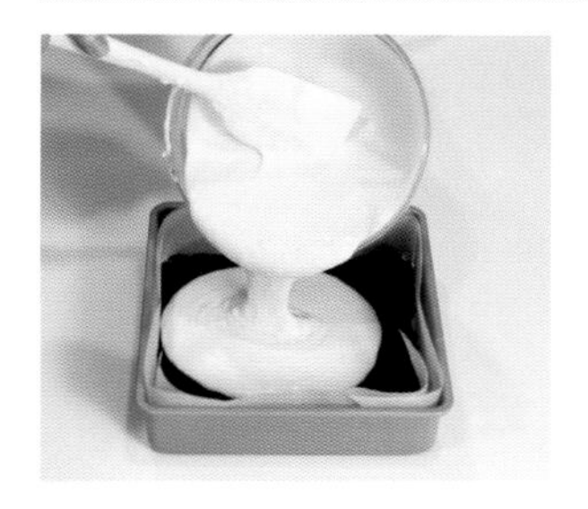

麵糊入模

9 用橡皮刮刀將乳酪糊刮入烤模內，輕輕地抹平。

10 將新鮮葡萄（不用剝皮）填入乳酪糊內（每行4顆）。

● 最好選用無籽葡萄來製作。

烘烤→參照p.17說明

11 將烤模放入已預熱的烤箱中，以上火約160°C、下火約180°C，烤約25分鐘。

● 烘烤至最後時，如乳酪糊呈小顆粒的沾黏狀即可取出（不要烤太乾）；待稍微降溫穩定後，再取出蛋糕，冷藏後食用，風味最佳。

百香果燙麵戚風蛋糕

❶ 液體油 40克、低筋麵粉 65克

❷ 香橙汁 65克、蛋黃 60克、百香果果肉 20克（未濾籽）、

❸ 蛋白 120克、細砂糖 65克

18公分方模X1

做法

準備

1 低筋麵粉過篩，烤模邊緣抹油（p.115「準備工作」的說明），烤模底部鋪紙備用（p.143「烤模鋪紙」的說明）。

2 烤箱設定上火約170°C、下火約150°C，提前預熱。

● 烤箱預熱時機及預熱溫度，請看p.24的說明。

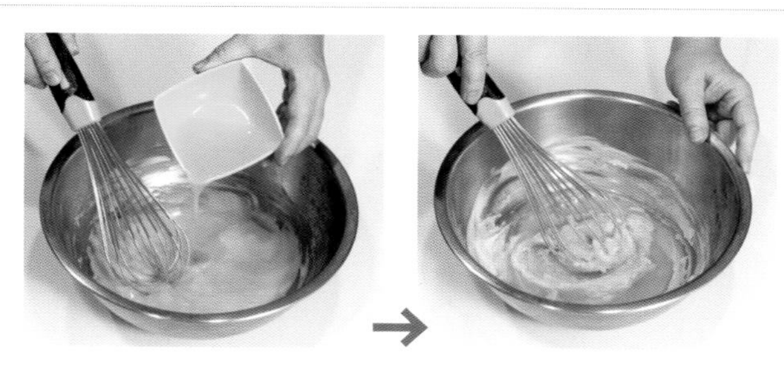

製作燙麵糊→參照p.116說明

3 依p.123做法4~5，將材料❶的麵粉入熱油中糊化完成。

4 將材料❷的香橙汁一次倒入做法3的麵糊內，輕輕地攪勻。

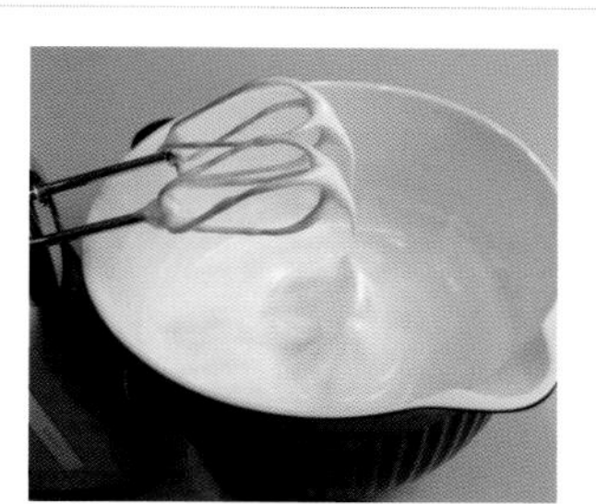

製作蛋白霜→參照p.14說明

6 依p.14做法6~12將蛋白霜製作完成。

● 蛋白霜的打發程度如一般戚風蛋糕的製作方式。

5 接著一次倒入蛋黃，輕輕地攪到光澤狀，再加入百香果果肉，攪成均勻的百香果麵糊。

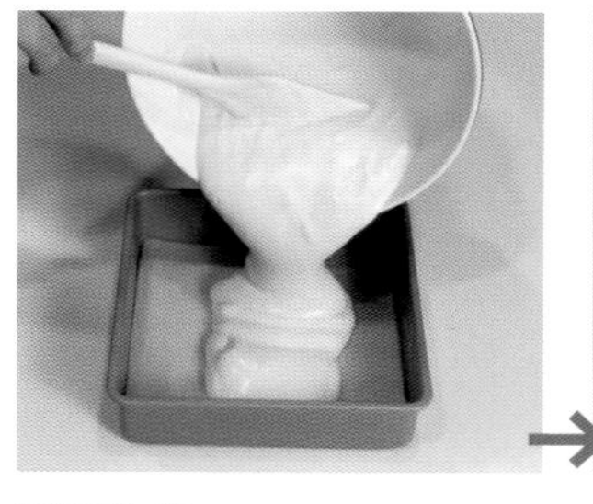

燙麵糊＋蛋白霜→參照p.117說明

7 依p.16做法13~18將麵糊與蛋白霜混合均勻。

● 混合方式如一般戚風蛋糕的製作方式。

麵糊入模

8 用橡皮刮刀將麵糊刮入烤模內，並將麵糊表面輕輕地抹平。

烘烤→參照p.17說明

9 將烤模放入已預熱的烤箱中，在烤盤上注入冷水，以上火約180°C、下火約150°C蒸烤約10~15分鐘。表皮輕微上色後，再將上火降約10~20°C，續烤約25~30分鐘。關火後，續燜約5分鐘後再取出蛋糕。

全省烘焙材料行

台北市

燈燦
103 台北市大同區民樂街125號
（02）2553-4495

生活集品（烘焙器皿）
103台北市大同區太原路89號
（02）2559-0895

日盛（烘焙機具）
103 台北市大同區太原路175巷21號1樓
（02）2550-6996

洪春梅
103 台北市民生西路389號
（02）2553-3859

果生堂
104 台北市中山區龍江路429巷8號
（02）2502-1619

義興
105 台北市富錦街574巷2號
（02）2760-8115

源記（崇德）
110 台北市信義區崇德街146巷4號1樓
（02）2736-6376

日光
110 台北市信義區莊敬路341巷19號1樓
（02）8780-2469

飛訊
111 台北市士林區承德路四段277巷83號
（02）2883-0000

得宏
115 台北市南港區研究院路一段96號
（02）2783-4843

菁乙
116 台北市文山區景華街88號
（02）2933-1498

全家（景美）
116 台北市羅斯福路五段218巷36號1樓
（02）2932-0405

基隆

美豐
200 基隆市仁愛區孝一路36號1樓
（02）2422-3200

富盛
200 基隆市仁愛區曲水街18號1樓
（02）2425-9255

嘉美行
202 基隆市中正區豐稔街130號B1
（02）2462-1963

證大
206 基隆市七堵區明德一路247號
（02）2456-6318

新北市

大家發
220 新北市板橋區三民路一段101號
（02）8953-9111

全成功
220 新北市板橋區互助街20號（新埔國小旁）
（02）2255-9482

旺達
220 新北市板橋區信義路165號1F
（02）2952-0808

聖寶
220 新北市板橋區觀光街5號
（02）2963-3112

佳佳
231 新北市新店區三民路88號
（02）2918-6456

艾佳（中和）
235 新北市中和區宜安路118巷14號
（02）8660-8895

安欣
235 新北市中和區連城路389巷12號
（02）2226-9077

全家（中和）
235 新北市中和區景安路90號
（02）2245-0396

馥品屋
238 新北市樹林區大安路173號
（02）8675-1687

鼎香居
242 新北市新莊區新泰路一段408號
（02）2998-2335

永誠
239 新北市鶯歌區文昌街14號
（02）2679-8023

崑龍（快樂媽媽）
241 新北市三重區永福街242號
（02）2287-6020

宜蘭

欣新
260 宜蘭市進士路155號
（03）936-3114

裕明
265 宜蘭縣羅東鎮純精路二段96號
（03）954-3429

桃園

艾佳（中壢）
320 桃園市中壢區環中東路二段762號
（03）468-4558

家佳福
324 桃園市平鎮區環南路66巷18弄24號
（03）492-4558

陸光
334 桃園市八德區陸光街1號
（03）362-9783

櫻枋
338 桃園市龜山區南上路122號
（03）212-5683

艾佳（桃園）
330 桃園市永安路281號
（03）332-0178

做點心過生活
330 桃園市復興路345號
（03）335-3963

新竹

永鑫
300 新竹市中華路一段193號
（03）532-0786

力陽
300 新竹市中華路三段47號
（03）523-6773

新盛發
300 新竹市民權路159號
（03）532-3027

萬和行
300 新竹市東門街118號（模具）
（03）522-3365

康迪
308 新竹縣寶山鄉雙溪村館前路92號
（03）520-8250

艾佳（竹北）
320 新竹縣竹北市成功八路286號
（03）550-5369

Home Box 生活素材館
320 新竹縣竹北市縣政二路186號
（03）555-8086

台中

總信
402 台中市南區復興路三段109-4號
（04）2220-2917

永誠
403 台中市西區民生路147號
（04）2224-9876

永誠
403 台中市西區精誠路317號
（04）2472-7578

茗泰（裕軒台中店）
406 台中市北屯區昌平路二段20之2號
（04）2421-1905

永美
404 台中市北區健行路665號（健行國小對面）
（04）2205-8587

齊誠
404 台中市北區雙十路二段79號
（04）2234-3000

辰豐
407 台中市西屯區中清路二段1241號
（04）2425-9869

豐榮食品材料
420 台中市豐原區三豐路317號
（04）2522-7535

小東方
412 台中市大里區爽文路917號
（04）2406-8805

彰化

敬崎（永誠）
500 彰化市三福街195號
（04）724-3927

億全
500 彰化市中山路二段306號
（04）726-9774

永誠
508 彰化縣和美鎮彰新路2段202號
（04）733-2988

金永誠
510 彰化縣員林鎮永和街22號
（04）832-2811

南投

順興
542 南投縣草屯鎮中正路586-5號
（04）9233-3455

宏大行
545 南投縣埔里鎮清新里永樂巷14號
（04）9298-2766

嘉義

新瑞益（嘉義）
660 嘉義市仁愛路142-1號
（05）286-9545

雲林

新瑞益（雲林）
630 雲林縣斗南鎮七賢街128號
（05）596-3765

彩豐
640 雲林縣斗六市西平路137號
（05）534-2450

台南

瑞益
700 台南市中區民族路二段303號
（06）222-4417

富美
704 台南市北區開元路312號
（06）237-6284

世峰
703 台南市北區大興街325巷56號
（06）250-2027

玉記（台南）
703 台南市中西區民權路三段38號
（06）224-3333

永昌（台南）
701 台南市東區長榮路一段115號
（06）237-7115

永豐
702 台南市南區賢南街51號
（06）291-1031

銘泉
704 台南市北區和緯路二段223號
（06）251-8007

高雄

玉記（高雄）
800 高雄市六合一路147號
（07）236-0333

正大行（高雄）
800 高雄市新興區五福二路156號
（07）261-9852

旺來昌
806 高雄市前鎮區公正路181號
（07）713-5345-9

德興（德興烘焙原料專賣場）
807 高雄市三民區十全二路101號
（07）311-4311

十代
807 高雄市三民區懷安街30號
（07）381-3275

德麥（高雄）
807 高雄市三民區銀杉街55號
（07）397-0415

旺來興（明誠店）
804 高雄市鼓山區明誠三路461號
（07）550-5991

旺來興（總店）
833 高雄市鳥松區本館路151號
（07）370-2223

鑫隴
830 高雄市鳳山區中山路237號
（07）746-2908

四海（建國店）
802 高雄市苓雅區建國路一段28號
（07）740-5815

屏東

啟順
900 屏東市民和路73號
（08）723-7896

裕軒（屏東店）
900 屏東市廣東路398號
（08）737-4759

裕軒（總店）
920 屏東縣潮州鎮太平路473號
（08）788-7835

四海（屏東店）
900 屏東市民生路180-5號
（08）733-5595

四海（潮州店）
920 屏東縣潮州鎮延平路31號
（08）789-2759

四海（恆春店）
945 屏東縣恆春鎮恆南路17-3號
（08）888-2852

四海（東港店）
928 屏東縣東港鎮光復路2段1號
（08）835-6277

台東

玉記（台東）
950 台東市漢陽北路30號
（089）326-505

花蓮

大麥
973 花蓮縣吉安鄉建國路一段58號
（03）846-1762

萬客來
970 花蓮市中華路382號
（03）836-2628

SHARING
HAPPINESS
媲美大師級的器具，家用烘焙好幫手
分享的幸福

UNOPAN
三能食品器具股份有限公司
SAN NENG BAKE WARE CORPORATION
E-mail:sanneng.taiwan@msa.hinet.net
Http://www.sanneng.com.tw

國家圖書館出版品預行編目資料

孟老師的戚風蛋糕／孟兆慶著.--初版.
-- 新北市：葉子，2016. 02
面；　公分. --（銀杏）

ISBN 978-986-6156-19-9（平裝附數位影音光碟）

1.點心食譜

427.16　　105000821

Ginkgo

孟老師的戚風蛋糕

作　　者／孟兆慶
出　　版／葉子出版股份有限公司
發 行 人／葉忠賢
總 編 輯／閻富萍
美術設計／吳慧雯
攝　　影／林明進、孟兆慶
印　　務／許鈞棋

地　　址／新北市深坑區北深路三段 260 號 8 樓
電　　話／886-2-8662-6826
傳　　真／886-2-2664-7633
服務信箱／service@ycrc.com.tw
網　　址／www.ycrc.com.tw

印　　刷／威勝彩藝印刷股份有限公司
ISBN／978-986-6156-19-9
初版二刷／2017 年 3 月
定　　價／新台幣 420 元

總 經 銷／揚智文化事業股份有限公司
地　　址／新北市深坑區北深路三段 260 號 8 樓
電　　話／886-2-8662-6826
傳　　真／886-2-2664-7633

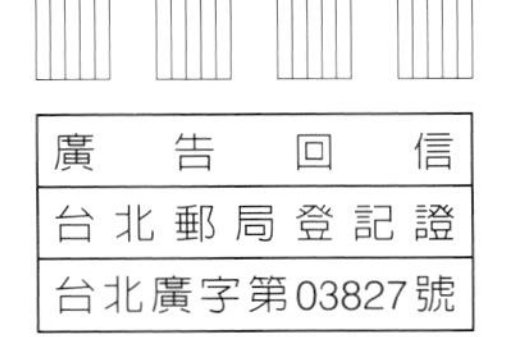

222-04
新北市深坑區北深路三段260號8樓

揚智文化事業股份有限公司　　收

□□□-□□
地址：　　　市縣　　　鄉鎮市區　　　路街　段　巷　弄　號　樓
姓名：

葉子出版股份有限公司

讀・者・回・函

感謝您購買本公司出版的書籍。

爲了更接近讀者的想法，出版您想閱讀的書籍，在此需要勞駕您詳細爲我們塡寫回函，您的一份心力，將使我們更加努力！！

1.姓名：______________

2.性別：□男 □女

3.生日／年齡：西元______年______月______日______歲

4.教育程度：□高中職以下□專科及大學□碩士□博士以上

5.職業別：□學生□服務業□軍警□公教□資訊□傳播□金融□貿易 □製造生產□家管□其他______

6.購書方式／地點名稱：□書店______□量販店______□網路______□郵購______ □書展______□其他______

7.如何得知此出版訊息：□媒體______□書訊________□書店______□其他______

8.購買原因：□喜歡作者□對書籍內容感興趣□生活或工作需要□其他

9.書籍編排：□專業水準□賞心悅目□設計普通□有待加強

10.書籍封面：□非常出色□平凡普通□毫不起眼

11.E-mail：______________________________

12.喜歡哪一類型的書籍：______________________________

13.月收入：□兩萬到三萬□三到四萬□四到五萬□五到十萬以上□十萬以上

14.您認為本書定價：□過高□適當□便宜

15.希望本公司出版哪方面的書籍：______________________________

16.本公司企劃的書籍分類裡，有哪些書系是您感到興趣的？

□忘憂草（身心靈）□愛麗絲（流行時尚）□紫薇（愛情）□三色堇（財經）

□銀杏（健康）□風信子（旅遊文學）□向日葵（青少年）

17.您的寶貴意見：

____

☆塡寫完畢後，可直接寄回（免貼郵票）。

我們將不定期寄發新書資訊，並優先通知您

其他優惠活動，再次感謝您！！